U0303578

在清晨
遇见果子狸

搬到新店山上的小区已十余年，常碰到的多半是鸟、昆虫、蜥蜴、蛙、蛇或野花、野草、树木等。至于野生的哺乳动物，除了一些小型的蝙蝠、臭鼩、松鼠、老鼠外，其他的根本不敢期待有碰面的一天。我居住的小区虽是二十余年的老小区，但人工化相当彻底，只有边缘地带和一些人烟罕至的连接道路，才看得到些许台湾低海拔山区的原本风貌。

那天清晨的奇遇像一场梦般不真实，等我回过神儿，才懊恼为何没带相机，但那种强烈的惊喜和兴奋，却让我久久难以平静，这真是天上掉下来的礼物，我何其幸运可以目睹这一切。

遇见果子狸的地方是两个小区间的连接道路，两旁都是低海拔的典型植被，平常除了少量运动的人之外，就只有车子呼啸而过。当时是夏天的清晨五点左右，我为了躲避炎热的阳光，特别早起走路回爸妈家，准备牵家里的拉布拉多犬King到山上运动，走着走着，突然听见宛如小猫咪的叫声，停下脚步仔细一看，原来在我前方约一百米处，有一只小狗般大小的动物正咬着一只小动物越过马路，躲进对面的草丛里。它绝对不是野狗，蓬松的长尾巴和大大的圆耳朵，和狗狗的长相完全不同，可是也绝非野猫，因为它的体形可比猫咪大得多。

我再往前走了一小段距离，想弄清楚它到底是什么，结果突然听见右侧的草丛有小动物的哭声，定睛一看，谜底终于揭晓，原来是果子狸的小孩，正哭着找妈妈。果子狸妈妈十分小心，过马路时用嘴衔着小孩，和猫咪的动作一模一样，等藏好一只，再回过头接第二只。小果子狸圆圆胖胖的脸好可爱，简直就像玩偶一样。真想好好欣赏一下，但又担心果子狸妈妈的反应，只好快步离开，免得影响它们母子团聚。离开一段距离后，回过头，果然看见果子狸妈妈正快步穿越马路接第二个小孩。静静地看着这个画面，心中满溢着感动，原来野生动物早已悄悄在我们身边落地生根，只要不受干扰，它们是可以和我们共存的，果子狸母子的这一幕让我深深相信这一点。

多么希望可以将这种感动传递给更多生活在台湾的人，这也是《自然老师没教的事》的出版初衷，通过都市和郊区生活环境里的自然景象、植物和动物，让大家知道自然是无所不在的，无须远求，其实就在您的生活四周。听得见大自然的心跳，将使每天的生活充满生命的惊喜与感动。

張蕙芳

台北都市也可以见到保护动物果子狸？
不要怀疑，这是本书摄影师黄一峰在台
北的富阳公园拍摄到的。

自然
可以这么有趣

许多人一听到"大自然"，脑海中浮现的常是非洲的莽原或南美洲的热带雨林，是我们平常人可望而不可即的遥远国度。事实上，大自然绝非人烟罕至的蛮荒地带，自然就在你我生活的周遭，只是长久的漠视与隔阂，让我们与自然之间有了认知上的鸿沟，而人工化且便利的生活环境更强化了这样的想法。

为了让生活在都市的人对周遭的大自然有崭新的认知，我们特别策划制作了《自然老师没教的事》，筛选出都市与郊区生活均适用的"100堂都市自然课"，按照月份编排，内容包罗万象，有动物、植物，也有当季的自然景观，与学校课堂的教授完全不同，除了自然知识之外，我们更希望借由精彩的摄影与自然插画，提供一般人容易亲近的入门路径，特别是生活中随手可得的题材，让大家愿意重新看待大自然，使人人听得见大自然的心跳。

每个人体验大自然的方式可能大不相同，例如有的人特别喜爱赏鸟，或拍摄野鸟；有的则选择欣赏野地路旁小小的野花，或寻觅难得一见的野生兰花；也有的特爱蝴蝶、甲虫等昆虫。不管以何种方式接近大自然，丰富的自然知识仍是最重要的第一步，没有知识的基础，感动都不过是短暂的悸动，无法真正落实。自然知识宛如第三只眼，可以让人真正看见大自然，随时随地体验大自然之美。

就像平凡的每一天，因为听得到大自然的声音，而有了更深一层的体会。季节的脚步、生命万物的循环，就在每天的风声、雨声、落叶声，而每一次体验都让人觉得原来自然可以这么有趣。

记得以前在学校上自然课时，总觉得跟日常生活毫不相干，课本里提到的尽是一些永远看不到的异域动物或植物。其实自然教材就在我们的生活周遭，关键只在于看不看得到，但愿大家耐心且满怀欣喜地上完这100堂课，相信会对大自然有截然不同的认识。

都市
自然教室

100 Lessons of
Urban Nature

家庭环境

100 Lessons of
Urban Nature

每一个家庭都是最好的自然教室，恐怕许多人会难以置信吧？其实一点都不假。先从每天喂饱我们的厨房谈起，这里看得到许多小生物，只是多半不讨人喜欢，甚至是恨不得除之而后快，所以很难联想到大自然。事实上这些小生物都是机会主义者，尤其现在人类大为兴盛，依附在人类的生活环境里，对它们的生存可是利处多多。

首先，厨房最常见的就是蟑螂，这种已在地球上生存三亿年的古老生物，不得不让人钦佩其生存能力之强，几乎每一个家庭都看得到它们，让人恨得牙痒痒的，却又拿它们一点办法都没有。其实暂且放下对蟑螂的厌恶之心，它们还有许多值得观察之处，而且任何灭蟑措施似乎都成效有限，也值得我们这些万物之灵好好思索。

其次，米箱里也常看得到小小的米象，特别是放得比较久的白米，很容易找到这种小象甲，蛮适合做小朋友的宠物，只要一点白米，就可以养一大堆米象，尖尖长长的小鼻子很可爱，这也是象甲的典型特征。

蚂蚁也是厨房的常客，只要有一点食物残屑，马上引来蚂蚁大军。工蚁的行动路径是非常值得观察的，下次看到它们大举入侵，先别忙着清理善后，了解其路径才有助于防止蚂蚁再次光临。

其他家庭生活空间里，蚊子和苍蝇大概是最惹人嫌的，但也是难以根除的小麻烦，了解它们的生活史也有助于防范它们入侵。如果家里还有种植植物的阳台或花园，那么生物的多样化将更为丰富，各式各样的昆虫、蜘蛛都将在这里出没，人类看不到并不代表它们不存在。留心家里植物的四周，您将会有意想不到的收获。

不用出门，只要仔细找找，家庭环境里也有许多生物可以观察。

都市自然教室 002

公园绿地
与水池

100 Lessons of
Urban Nature

　　都市里的公园是人工环境的绿洲，数目众多的树木和各式各样的植物，成为许多生物重要的栖身之地，尤其是一些历史悠久的公园绿地，是都市中难能可贵的绿色珍宝，也是寻觅生物的最佳去处。

　　例如台北的植物园就是一处最值得推荐的绿地，从日据时代延续至今，这里的环境宛如都市的诺亚方舟，提供给许多鸟类、昆虫或其他动物庇护之地，甚至就留在这里繁衍下一代。因此植物园成了许多赏鸟者必访之地，连拍摄鸟类的摄影家也长驻此地，留下许多珍贵的野鸟影像。

　　植物园的水池景致除了夏天的荷花之外，有一部分保留为水生植物的生长地，尽量维持较为自然的状态，让许多水生植物或昆虫可以在此安身立命。连害羞且难得一见的黑水鸡也在此出没，这当然要归功于维护良好的生态环境。

　　近年来，大安公园由于树木逐渐繁茂，也成为台北另一个很好的自然观察地点。但是台湾都市的绿地比例还是明显远低于欧美国家或日本，其实公园绿地不只是满足人类休闲娱乐上的需求而已，更重要的是提供生物必要的栖息环境，这样我们的都市才会更加自然健康，也让我们更容易亲近大自然。

都市里的公园绿地已经成了生物们的绿洲，现在在各大公园里，都有机会看到让你意想不到的自然生态。

都市自然教室 003

行道树

100 Lessons of
Urban Nature

　　行道树是都市环境中不可或缺的绿化角色，没有绿树的点缀，水泥丛林将不宜人类居住，而且也缺乏表情。现代大都市一向非常重视绿地的比例，行道树也受到良好的照顾与保护，以期让人们的生活更加舒适。

　　行道树的重要性不仅是改善生活环境，其实对其他生物而言，行道树更像是沙漠里的绿洲，提供了栖所、食物……在自然资源贫瘠的都市环境里，这些树木扮演着类似诺亚方舟的角色。

　　如果行道树树种的选择不只是着重其观赏性，而是以本土树种为主，相信更可以庇护许多小生物，也可在不同的季节里供不同鸟类来觅食，这样随时有鸟可赏，有昆虫可看，是都市里活生生的生态系统。

繁忙的都市中心，也有绿树成荫的景象。行道树虽然是人造环境，却也是许多都市生物的庇护所。

都市自然教室 004

街道路灯下

100 Lessons of
Urban Nature

昆虫是地球上最成功的生物，不论哪一个角落，都找得到昆虫，也因此，想要在人工化的环境下进行自然观察，昆虫自然是首选。

就连晚上想寻觅虫迹，也一点都不难，只要在街道路灯下等待，许多夜行性昆虫就会在灯下一一现身。这些昆虫多半具有趋光性，不妨仔细观察一下有哪些种类。

其中最为常见的就是蛾类，它们多半在夜间活动。台湾蛾类的种类和数量都十分惊人，运气好的话，有时还会碰上小蝙蝠在街灯下忙着觅食，不过这多半在郊区或临近山边才看得到。

街灯对于自备光源的萤火虫反而是不利的，只有在没有光污染的地方才看得到萤火虫的美景。所以街灯的设置除了考虑人们的需求外，其实也可更细心一点，考虑各个环境的生物因素，避免对当地生态造成光污染。

入夜后七彩的灯光、繁忙的街道似乎成了都市唯一的景致。仔细观察，你将有机会发现有许多生物隐身其中。

都市自然教室 005

学校校园

100 Lessons of
Urban Nature

　　台湾的许多学校历史悠久，校园里多半有茂密的树木，甚至还有百年的老树，这些珍贵的绿色财产让校园成为自然观察的好地方，也是都市小孩接触自然的渠道。

　　校园里的树木多半是常见的榕树、笔管榕、印度橡胶榕、樟树或者棕榈科的椰子树等，除了观察树木的开花结果或四季变化之外，还有树上的鸟类、昆虫等多样生物，可以让孩子一一探索。

　　记得曾看过报道，都市中常见的暗绿绣眼鸟在教室附近的树上筑巢，老师特别架设了望远镜，让所有小朋友可以在不干扰暗绿绣眼鸟育雏的情况下，亲眼见证生命的奇妙过程。

　　生命教育并不只是书本上的知识而已，亲身体验和亲眼见证有时远比课堂上传授解惑的影响更为深远。也因此，校园里的环境越贴近自然越好，不需要设置太多人工娱乐设施，丰富的树木和生物能带给孩子更多体会。

现在各大校园都对外开放，让民众可以去散步与运动。学校里的自然环境维护极佳，吸引了很多生物进驻，也是都市里难得的自然观察地点。

017

都市自然教室 006

溪流、河边

100 Lessons of
Urban Nature

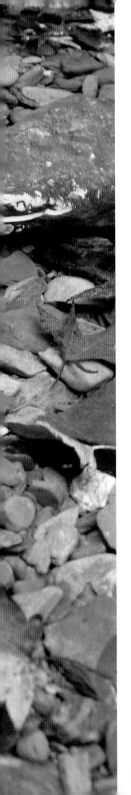

以现在都市的人工化程度，要在居家附近找到清澈且可以亲近的溪流或小河，似乎是痴人说梦。不容讳言的是，人的天性是爱亲近水的，看到水总让人心情愉悦、精神放松，更何况水也是许多生物不可或缺的家园，有了溪流或小河，将可以看到它们的踪迹。

幸而如今都市的规划中也会将亲水空间纳入考虑，不论宜兰的冬山河或台北八里的淡水河，还有基隆河以及高雄的爱河等，无不成效斐然。位于郊区的山里也有许多小溪流，不论是戏水、钓鱼或捉虾，都可以满足不同的需求。

除了淡水鱼虾之外，溪流和小河也是许多藻类、昆虫、林鸟赖以为生的家园，这里同样是绝佳的自然观察教室。可以仔细找找看，看似清澈无物的溪水中，到底有哪些小生物？有哪些鸟类会在这里出没？夏天时为什么蜻蜓和豆娘都在水边徘徊？许多小疑问在仔细观察后将会一一获得解答。

溪流区域藏着生命的宝库，无论是山边或都市里的溪流环境，都有许许多多的生物生活在其中。

都市自然教室 007

农田、菜园

100 Lessons of
Urban Nature

台湾人是出了名的勤劳，只要有一小块地，是绝对不会让它闲置荒芜的，总要种点什么。夏天的各类瓜果，秋冬的绿色叶菜，把小小菜圃点缀得生机盎然。这样的菜园农田景观在台湾一点都不陌生，就连在都市或郊外的住宅区也都看得到。

有了菜园、农田，自然就会吸引许多小生物来觅食，毕竟人类吃的东西要比野生植物可口许多。像菜粉蝶、果实蝇、小菜蛾等，都很容易发现它们的踪迹，还有蝗虫、金龟子等也很常见，喜爱昆虫的小朋友只要守住一小块菜园或农田，一定可以收获良多。

如果校园中可以辟一小块地作为简易的菜园，不仅可以让孩子亲身体验种植蔬菜的滋味，同时也可作为许多自然观察的素材，不失为一举数得的做法。

农田是自然观察的好地方，但在都市里一般人很难接触到农田，现在有许多人在自家顶楼或花园里搭设菜园，除了享受栽种的乐趣，也能在自己家里做自然观察。

都市自然教室 008

郊区山林、步道

100 Lessons of
Urban Nature

　　许多人喜爱在周末呼朋引伴，到都市附近的山里走走，也有人把爬山当成每天早起的健身活动。不论何时走在郊区山林的步道上，都是亲近大自然的好机会，如果对周遭的一切视而不见，真的太可惜了。

　　步道上首先映入眼帘的就是茂密的植被。台湾低海拔的植物景观非常丰富，不同的环境可以看到截然不同的植物，因此走在步道上不妨看看周围的植物，认识一下它们的名称和生长特性，久而久之也会对附近的环境特色有初步的概念。

　　此外，步道也是寻觅其他生物的好去处。不论是昆虫或鸟类，在这里碰到的机率都很大，若刚好是鸟类的求偶季节，好听的鸟鸣声往往不绝于耳，还有夏天的蝉鸣等，都是走在步道上的额外收获。

都市近郊无论山边或海边，有许多步道是自然观察的好去处，在步道间行走，时而赏景时而观察植物、昆虫，耳朵聆听虫鸣鸟叫，是假日最好的休闲活动。

1月 JANUARY
自然课堂

100 Lessons of
Urban Nature

白鹭和牛背鹭常常同时出没。

1月自然课堂

鹭鸶家族

鹭鸶家族是台湾相当常见的鸟类，无论都市或郊区、河口湿地，都很容易看到它们的身影。这一个家族泛指鹭科鸟类当中最为相近的几种鹭鸶，其中包括最为常见的留鸟"白鹭"，普遍的冬候鸟"大白鹭"、"中白鹭"，稀有的过境鸟"黄嘴白鹭"，以及湿地农田最为常见的"牛背鹭"等，由于它们的外形近似，又都是一身雪白的羽毛，若不仔细辨认，很容易就把它们混为一谈。

以最为常见的白鹭而言，其活动领域最为宽广，显然十分适应台湾的环境。除了水域之外，也会在干旱的农田或草地活动，与体形稍小的牛背鹭相似。要分辨这两者，其实一点也不难，在非繁殖季的冬春季，两者都是一身雪白，但从嘴喙的颜色就可分辨其差异，白鹭是全黑的嘴喙，牛背鹭则是黄色嘴喙。到了夏天的繁殖季，两者的差异更为明显，牛背鹭的头、颈及背部羽毛全部转为橙黄色，而白鹭依然雪白，只是在后颈、胸前及背部多了繁殖的饰羽。牛背鹭因常停栖在牛背上，因而得名。

至于其他活动局限于水域的大白鹭、中白鹭、黄嘴白鹭等鹭鸶，均常常与白鹭混群活动，从体形大小和嘴喙的颜色就可以分辨彼此。鹭鸶群常静静地伫立或缓步轻移，无比耐心地等待猎物靠近，再以嘴喙快速啄起。有时也会以脚在水中抖动，以捕食被惊吓的小鱼。观察鹭鸶的捕食行为要和它们一样有耐心，看似毫无动静，但下一个瞬间可能就高手出招了。

【建议延伸阅读：《野鸟放大镜》食衣篇与住行篇，有关鹭鸶的觅食与筑巢】

夏天披着繁殖羽的牛背鹭十分容易辨认。

白鹭的黑色嘴喙和黄脚爪是它的辨识特征。

大白鹭为体形最大的鹭鸶，细长的颈部呈S形。

中白鹭的体形略大于白鹭，嘴喙黄色，尖端为黑色。

1月自然课堂

黄叶的
无患子

无患子的果实成熟时很像龙眼，扁球形核果，颜色为橙褐色或茶褐色。

无患子的果肉饱满，种子紫黑色，圆滚如珠，所以又称为"肥珠子"。无患子果实的果皮、果肉富含皂素，将其剥下，放在水里搓揉几下，马上产生泡泡，是很好的天然清洁剂。

天气越冷，无患子的叶片越发橙黄透亮。（黄丽锦摄）

无患子的黄叶和果实。

秋冬之际，野地一片萧瑟，台湾低海拔山区最引人入胜的变色树木之一就是无患子，天气越冷，无患子枝头上的叶片越发橙黄透亮，远远就可以分辨出它们的身影，这个季节是赏无患子的最佳时机。

无患子名称的由来有两种说法，一是顾名思义，"不愁没有孩子"，因为无患子在每年的9至11月间总是结实累累，子实无数。另一种说法是，古人相信用无患子树干制成的木棒可以驱杀鬼怪，故名"无患"。但若以无患子科植物的共同特征之一，即结实无数来说，自然是第一种说法比较符合事实。

无患子最有名的用途莫过于天然肥皂，从小就常听妈妈提及第二次世界大战时，每逢空袭疏散至山区躲藏，外婆常教她们拿无患子来洗头，也可清洗碗盘和衣物。耳熟能详之余，对无患子多了几分亲切感，尤其近年来处处讲究自然健康环保，于是无患子的产品一一问世，有手工肥皂、洗碗精、洗发精、沐浴乳等，将前人的生活智慧传递下去，又对环境友善，何乐而不为？

欣赏冬天无患子的灿烂黄叶，也不妨找找树下掉落的果实，因为这个季节也是无患子的熟果期。捡回满满的果实，回家试试自制的清洁剂，应该也是冬天的生活乐趣之一。

【建议延伸阅读：
《台湾种树大图鉴》上册
P130~131】

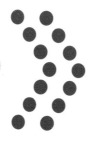

无患子富含天然皂素，可以制成肥皂等相关产品。

在冬季循着黄叶，就可以找到结实累累的无患子。

无患子在冬季里的一树黄叶金黄耀眼。（黄丽锦摄）

美洲大蠊的体形庞大，但因繁殖力较体形娇小的德国小蠊弱，以致现代都市生活环境已被德国小蠊取而代之。

1月自然课堂

蟑螂档案

蟑螂的发育从卵鞘里的卵开始，每一个卵鞘里含有数十颗卵，到了可以孵化时，若虫会向卵鞘上方的缝口处挤，直到从缝口涌出。

蟑螂是自然界非常重要的杂食昆虫，虽然其貌不扬，却是生物圈里不可或缺的一员。

森林里的枯枝、落叶和朽木如果没有蟑螂帮忙分解，可能会造成很大的环境危机。

蟑螂出现在地球上已经有三亿多年的历史，是昆虫纲中最古老的祖先之一，传统上分归于蜚蠊目。说它们才是地球的"土著"应该也不为过。历经长久的演化，现代蟑螂的体形与化石里的蟑螂并没有什么重大的改变，而且依然繁荣兴盛，也难怪有"活化石"的美称。

蟑螂的天敌不少，但身材短小、其貌不扬的蟑螂，其种族生命力之强，让人不得不佩服，而且部分居家性蟑螂似乎还愈来愈繁荣，因此赢得了"小强"的绰号。蟑螂之所以不会被淘汰而且不断扩大势力范围，除了强盛的繁殖力，善于躲藏的能力和能够疾跑避敌的脚力，也是重要的因素。蟑螂靠着一身绝活和强敌争胜，在地球上缔造出连人类也自叹不如的版图。下次当您卷起报纸想把蟑螂打扁时，不妨再仔细端详一下"小强"，或许它们也有许多值得我们人类借鉴之处。

在美国曾以三千多位成人为对象做的问卷调查中，受访者最讨厌的动物是蟑螂，接着依序是蚊子、老鼠、蜂、响尾蛇、

一身绿色的中美洲绿蟑螂，它的模样是不是没那么令人害怕？

婆罗洲热带雨林里的蟑螂为了躲避天敌，还把自己伪装成落叶的模样。

蝙蝠。在日本也曾就女性大学生做调查，结果百分之八十的人把蟑螂列为她们最讨厌的动物。相信国内的人对蟑螂的感觉也差别不大。

蟑螂被人嫌恶的原因不外是外形不讨好，油滑的身体、长了刺的粗脚、摇摆灵活的长触角，给人一种负面的印象，而且体表及排泄物会散发出一种怪异的臭味，又常出现在厕所、厨房、垃圾堆上，让人觉得肮脏，是许多病原菌的帮凶。

其实带给人们负面感受的蟑螂多半是居家性蟑螂，如德国小蠊和美洲大蠊，其种类不过是所有蟑螂种类中的少数分子，但正因为和我们的生活过于密切，以致我们也习惯以偏概全，以为蟑螂的生活全貌就是如此，事实上我们的所知有限，才会让蟑螂有机可乘，大大利用人类拓展其领域。

【建议延伸阅读：大树教授博物学系列之3《蟑螂博物学》】

1月自然课堂

冬夜里的
台北树蛙

如果冬天的夜里听见"嘓、嘓、嘓"的蛙鸣声，可别以为是幻听症状发作了，其实台湾有一种特有的绿色树蛙，为了和其他蛙类区隔开，特别挑寒冷的冬天繁殖产卵，这就是"台北树蛙"。

台北树蛙喜欢在有潮湿泥土的溪边、池塘或沼泽地的灌丛中活动，从名字就可以知道它们的分布以北部低海拔山区为主，如台北、宜兰及苗栗等区域，是特有的保护动物。

以我住的新店山区来说，台北树蛙的数量不少。每年冬天，我都在等待其蛙鸣声，尤其寒冷的夜里听来别有一番滋味，好像寒冬的回旋曲，韵味十足。由于鸣叫的雄蛙多半隐匿在土堆里筑巢，即使循声靠近也不容易找到其踪影。幸而还有吸引台北树蛙的简单方法，在庭园里摆上种植水生植物的大缸，冬天时少放些水，最好是有烂泥巴，这样一定可以吸引台北树蛙，我也因此年年可以享受专属的台北树蛙回旋曲。

台北树蛙交配后将泡沫状卵块产于巢内，孵出的蝌蚪暂时由卵泡保护着，等到下雨时再由雨水将蝌蚪带入水域中，展开台北树蛙的生命历程。由于冬季的气温较低，台北树蛙的蝌蚪期也较长，有时会长达三个月之久。

【建议延伸阅读：《台湾赏蛙记》P146~147】

台北树蛙主要在冬季繁殖产卵，雄蛙挖好洞后便开始鸣叫以吸引雌蛙，交配后雌蛙双脚缓慢交互踢动，以形成泡沫状的卵块。卵块多半埋在洞里或藏于覆盖物下，不过有时也会出现在水边的植物上。

散布在水边落叶上的泡沫状卵块。

刚孵化出来的台北树蛙蝌蚪。

躲藏在海芋叶子上的台北树蛙。

1月自然课堂

罗非鱼

有些种类的罗非鱼会有口孵的行为，即雌鱼将受精卵含在口中，直到孵化为幼鱼，这种护幼行为对其繁殖十分有利。

部分种类的罗非鱼在繁殖前，雄鱼会挖掘底土筑成盆状的巢，具有强烈的领域性，雌鱼将卵产于巢中，待孵化后再由雌鱼将幼鱼含在口中保护。

罗非鱼是人尽皆知的食用鱼种，价廉物美又营养丰富。其实罗非鱼的品系繁杂，加上繁殖容易，所以杂交种非常多，现在"罗非鱼"已成为慈鲷科（又称丽鱼科）鱼类及其杂交种的泛称。

罗非鱼在台湾叫吴郭鱼，是1946年由吴振辉和郭启彰自东南亚引进原生非洲的慈鲷鱼，为纪念他们两位的贡献，以其姓氏为这种鱼命名。目前台湾已引进多达50种以上的观赏性慈鲷和4种以上的食用性种类，加上难以胜数的杂交种和品系。虽然罗非鱼是重要的养殖食用鱼种，但也因为其旺盛的繁殖力及适应力，以致大举入侵台湾的淡水水域，压缩了许多原生鱼种的生存空间，造成严重的生态问题。

罗非鱼有强烈的护幼行为，这也是"慈鲷"之名的由来。某些种类的罗非鱼在繁殖前，雄鱼会挖掘底土筑成盆状的巢，具有强烈的领域性，雌鱼将卵产于巢中，待孵化后再由雌鱼将幼鱼含在口中保护。也有些种类是由雌鱼将受精卵含在口中，直到孵化为幼鱼，此即口孵行为。

台湾许多河川都看得到罗非鱼，它们特别喜爱水流缓和的水域，即使水质污浊也能生存，又加上杂食的天性，胃口奇佳，往往成为钓客最大的收获。但正因为其对污染的高容忍度，体内可能会累积一些环境毒素，常常食用自钓的罗非鱼，有可能吃进不少毒素。

幸而台湾罗非鱼的养殖技术日新月异，在外销上更冠以"台湾鲷"的名称，很受欢迎，近来又有海水养殖，使其质量更上一层楼。下次在菜市场看到罗非鱼，不妨仔细端详一下这位来自非洲的娇客，如今已是落地生根的台湾鱼。

【 建议延伸阅读：《菜市场鱼图鉴》
  P150~152的吴郭鱼和海水吴郭鱼 】

罗非鱼生命力极强，在水位很低的池塘也能存活。

台湾养殖罗非鱼技术卓越，以台湾鲷之名外销全世界。

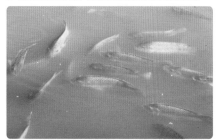

外来种的罗非鱼繁殖力惊人，严重威胁本土鱼类生存。

与罗非鱼同科的慈鲷鱼类在水族市场上十分抢手。

1月自然课堂

火斑鸠与
珠颈斑鸠

火斑鸠是鸠鸽科的常见留鸟，多出现于平地，雄鸟的体背为酒红色，颈部有黑色颈环。

珠颈斑鸠最重要的辨识特征，即黑色的颈环上布满了明显的白点。

珠颈斑鸠常在地面上和草丛中行走觅食。

正在沙地上享受沙浴的珠颈斑鸠。

珠颈斑鸠又名斑颈鸠，闽南语称它与火斑鸠为"斑甲"，是大家熟悉的两种鸠鸽科鸟类。不论是都市里的安全岛上，或是在郊区的树丛间，都很容易看到珠颈斑鸠和火斑鸠，常与麻雀一起成群觅食。

火斑鸠是鸠鸽科的常见留鸟，多出现于平地，雄鸟的体背为酒红色，颈部有黑色颈环。珠颈斑鸠的名字点出了它最重要的辨识特征，黑色的颈环上布满了明显的白点，远远就看得到，非常容易辨认。

它们都以谷类、草籽为食，对环境的适应性极强，不管是人工化的都市或是较为自然的乡间，甚至连低海拔的山区，都找得到它们的踪影。

斑鸠最吸引人的地方，我觉得应该是黄昏时的呼唤叫声。原本有点单调的"咕——咕咕——咕——咕"声音，到了黄昏时刻听起来特别感伤，尤其是在空旷的地方，珠颈斑鸠低沉的叫声传得很远，感染力很强，难免让人联想许多。大部分斑鸠都不太怕人，在我居住的山区小区里常遇见它们缓步慢行，它们连狗狗靠近也不害怕，一派悠闲的模样。有时还会撞见斑鸠争食流浪狗的饲料，看来它们的食性颇为宽广。

【建议延伸阅读：《野鸟放大镜》食衣篇与住行篇】

头部灰色配上黑色颈环，是火斑鸠的辨识特征。

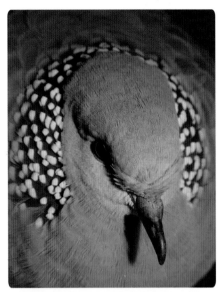

珠颈斑鸠的黑白颈环，从正面看好似披着一条披肩。

傍晚时分群聚在电线上的火斑鸠大军。

正在巢中孵蛋的火斑鸠。

037

1月自然课堂
笔筒树

恐龙电影里的场景总少不了高大的树木状蕨类，大型的羽状蕨叶让人发思古之幽情，宛如漫步在洪荒时代的地球。

台湾何其幸运，因东北季风带来丰沛的雨量，北部的低海拔山区到处可见这种古老的植物。笔筒树特别喜爱既向阳又潮湿的山坡地，多半成群出现，形成特殊的笔筒树纯林景观。

在我的住家附近，也有很多笔筒树，它们就像熟悉的老朋友，是生活里少不了的绿色景致。最爱欣赏笔筒树的毛茸茸嫩芽，由茎干中心伸出，先是一团圆球状的东西，然后慢慢挺起，终于变成活生生的问号。嫩芽外表的金黄色鳞片十分粗糙，不易脱落，能够保护里面的幼叶。接下来由问号伸展成羽状的叶片，整个过程十分优美，一点都不输给昆虫的蜕变，值得仔细观察。

笔筒树和其他树蕨（即桫椤科成员）最容易区分的特征，即茎干上的菱形或椭圆形图案，这是叶柄老化脱落之后留下的痕迹，成为笔筒树最容易辨识的特征之一。

不过笔筒树最广为人知的还是它在园艺上的应用，即大家熟知的"蛇木"。笔筒树在较接近地面的茎干部位会长满黑褐色的气生根，是栽植兰花的上等材料，此外茎干也可拿来雕刻或制成笔筒，几乎家家户户都少不了这些美化居家环境的产品。

笔筒树上的菱形图案，可称为叶痕。

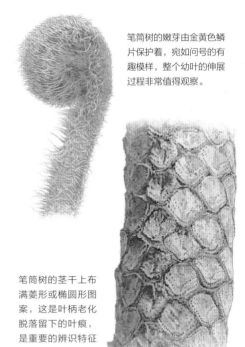

笔筒树的嫩芽由金黄色鳞片保护着，宛如问号的有趣模样，整个幼叶的伸展过程非常值得观察。

笔筒树的茎干上布满菱形或椭圆形图案，这是叶柄老化脱落留下的叶痕，是重要的辨识特征之一。

2月 FEBRUARY
自然课堂

100 Lessons of
Urban Nature

Lesson
08
100 Lessons of
Urban Nature

2月自然课堂
雁鸭家族

每年的10月至翌年4月是雁鸭家族来台湾的高峰期，它们是候鸟季的赏鸟主角之一。春夏季，雁鸭家族多半栖于欧洲和亚洲的北部，甚至远至西伯利亚、蒙古等地，完成了繁衍大事，秋季开始往南迁，移至温暖的地带度过整个秋冬季。

台湾的地理位置特殊，刚好是候鸟往南迁不可或缺的中转站，它们经过长途的飞行迁徙，台湾东部及西部沿岸的河口湿地，为雁鸭家族提供了最好的休息站，就像是沙漠里的绿洲。有些雁鸭甚至选择在台湾度过整个冬天，不再南迁，直到4月气候回暖之后，才一一离去。

要赏雁鸭其实一点都不难，比如居住在台北，到关渡自然公园及台北县市交界的华中桥、永福桥或华江桥都可以试着找找雁鸭的踪迹。不过近年来由于淡水河沿岸的陆地化非常严重，雁鸭喜爱的水域环境大大萎缩，甚至因水质污染严重，也曾发生雁鸭感染肉毒杆菌而大量死亡的事件。这些年来，冬天待在台北近郊水域的雁鸭家族似乎正在一年年递减，这样的环境警示值得注意，不要等到有一天它们不再到淡水河越冬，那时可能意味着台北水域已出现大危机了。

以前曾有几次难忘的赏雁鸭经验，例如垦丁的龙銮潭、金门的酒厂旁，都是难能可贵的体验，但据说现在金门酒厂已不再排放酒糟，所以再也看不到雁鸭觅食酒糟的壮观场景，实在有点可惜。

在台湾越冬的雁鸭家族种类繁多，像绿翅鸭、绿头鸭、针尾鸭、斑嘴鸭、琵嘴鸭等都有机会看到，它们大多混栖一处，一起觅食，一起休息，也让辨识雁鸭成了一堂有趣的自然课。每一种雁鸭都有其特征，不妨试试自己的眼力，多加练习，很快就会掌握雁鸭辨识的要领。

绿头鸭是常见的过境雁鸭，左为雄，右为雌。

绿翅鸭也是每年都会到台湾报到的雁鸭。

琵嘴鸭的大嘴非常容易辨认。

很难想象在如此接近都市的地方有这么多雁鸭过境。

Lesson

09)

100 Lessons of
Urban Nature

2月自然课堂

台湾树蛙

台湾特有的台湾树蛙是分布最广的绿色树蛙，也是最早被发现命名的种类。台湾树蛙喜欢潮湿的环境，几乎全年都可繁殖，不过还是以春天为主。它们的叫声很有特色，繁殖季时雄蛙会发出像火鸡叫的连续求偶声，只是它们常喜欢躲在水沟、植物灌丛内，非常不容易找到，多半只闻其声而难见其影。

雄蛙和雌蛙交配后，会在静水区域或有淤泥的排水沟里制造白色卵泡，并将卵产于其中。卵泡有减少水分散失及保护卵粒的功能，让卵可以顺利发育成蝌蚪。蝌蚪变态发育为成蛙的时间长短不一，要视水温的高低以及食物是否充足而定。

台湾树蛙鸣叫时，咽喉处有单一鸣囊，鸣叫时明显鼓动，发出宛如火鸡般的连续求偶叫声。

台湾树蛙最容易辨识的特征，除了绿色体色之外，腹部股间及后肢内侧常带有红色，并有明显的黑色斑点。此外，脚趾吸盘明显，是树蛙类的共同特征。台湾树蛙对于水似乎十分热爱，平常行踪隐蔽，但大雨过后就脱胎换骨，变得十分活泼，比较容易在植物间找到它们的踪迹，也因此有个闽南语俗名"雨怪"。

正在假交配的台湾树蛙，上为雄蛙，下为雌蛙。

【建议延伸阅读：《台湾赏蛙记》P98~99】

像穿上红色黑斑裤袜般的后腿，是台湾树蛙的特征。

雄蛙和雌蛙交配后，会排出白色卵泡并将卵产在其中。

2月自然课堂

钟花樱桃
的春天

钟花樱桃开完花后，才轮到叶芽登场，嫩绿的幼叶由苞叶中伸出，即将在生长季节里担负重责大任，直到秋冬落叶为止。

钟花樱桃在冬季过后，先萌发的是花芽，向下垂的钟花樱桃，花色繁多，从粉红色到桃红色都有，是台湾早春最美的景致之一。钟花樱桃的花蜜也是许多小型鸟类或昆虫的重要食物之一，如暗绿绣眼鸟、白头鹎都常在钟花樱桃间流连不去。

如果想知道台湾春天的第一个讯息，钟花樱桃的绽放应该算是名列前茅了。有些钟花樱桃特别早开，在寒风中绽放一抹红，每回看到这种景致，就知道春天的脚步不远了。钟花樱桃是台湾原生的樱花，又称绯寒樱、山樱花，均为单瓣花朵，向下垂放，比日系的樱花早开，而且生性强健，是许多山居人家必种的观赏树木之一。我的庭园自然也不例外，十年前刚搬新家就种了一棵小钟花樱桃，现已长至两层楼高。

钟花樱桃均为单瓣花朵，向下垂放。

庭园里有钟花樱桃，最大的好处自然是有鸟可赏，如果又种在窗前，就成了最佳的赏鸟地点。开花季节时，天色微亮就会听到喧闹的鸟鸣声，那是成群的暗绿绣眼鸟正在大开吸花蜜同乐会，吸饱了就呼啸而去，换另一群暗绿绣眼鸟上场。天亮之后，白头鹎也常在钟花樱桃树上徘徊，不过以它们的体形和食量，钟花樱桃的花蜜应该只是聊胜于无的零食罢了。

褐头凤鹛也是钟花樱桃花蜜的爱好者，常可见它流连其中。

开花季过后，钟花樱桃的新叶萌发，此时的叶色是最美的，油亮嫩绿的叶片将钟花樱桃装点得容光焕发，而接下来的结果期更是许多山鸟期待已久的盛宴。钟花樱桃的果实垂挂满树，由黄转红，日日吸引成群的山鸟，是鸟儿喜爱的餐厅之一。每每看到小鸟狼吞虎咽，总让我好奇钟花樱桃的果实是何等美味，结果摘下熟果尝尝味道，却酸涩得难以下咽，看来鸟儿和我们的味觉差异有很大的鸿沟。

家中这棵钟花樱桃，让我印象最深的一件事是暗绿绣眼鸟的筑巢，而且它的位置又刚好是很容易观察的地方，于是不费吹灰之力，我可以亲眼目睹孵卵、抚育幼雏直到离巢为止的完整过程，虽然时间很短，但这份天上掉下来的礼物让我高兴了好久。

钟花樱桃生性强健，是许多山居人家必种的观赏树木。

【建议延伸阅读：《台湾种树大图鉴》下册P78~79】

2月自然课堂
油菜花田

油菜的花朵清楚地透露了它的身世，由十字形的四片金黄色花瓣，即可得知油菜是十字花科的一员，和萝卜、白菜、卷心菜是同一家族的成员。

黄澄澄的油菜花田是台湾农村冬天最美丽的景致之一，尤其盛花期多半正值农历春节期间，不论行驶在高速公路或乡间道路，到处都看得到金黄的温暖色调，为旅人或归乡的游子心里增添一丝暖意。

　　油菜是十字花科的蔬菜之一，原产于温带的欧洲及中亚一带，种子可用来榨油或作为动物的饲料，同时也是一种冬天的叶菜类。不过台湾人似乎不太喜欢吃油菜，也可能是冬天叶菜类的种类原本就十分多样，使油菜一直未能受到青睐，也才造就了冬天油菜花田的特殊景观。

　　大多休耕的稻田会在秋末冬初撒下油菜的种子，然后就任其生长，直到开满金黄的十字形花朵。盛花期之后就是春耕季节的到来，稻农会把油菜花植株全部犁入田里，作为稻田的养分。

　　所以只要是台湾主要的产米区，不妨把握冬天休耕期间，好好欣赏一下美丽的油菜花田，否则进入春耕之后就再也看不到了。

2月自然课堂

金银花

金银花的花朵成对绽放，花冠筒细长，唇形，上唇有四浅裂。雄蕊五枚，雌蕊的花柱稍长。

　　金银花正名叫作忍冬，是十分常见的观赏植物，也是著名的中药材。由于花朵初绽放时是白色，而后转成金黄色，一枝植株上常常白花、黄花参差不齐，才有了"金银花"之名。

　　其实"忍冬"之名或许更为贴切，在冬末乍暖还寒的时节，篱笆上的金银花早已不畏低温，悄悄绽放容颜，为尚嫌萧瑟的景致平添几许颜色。特别是金银花为攀缘性植物，在阳光充足的一面盛放花朵，而且一开就是铺天盖地，煞是好看，还

有微微的香气，让感官有了莫大的满足。

　　金银花的花期可长达四五个月，每年清明节前后到端午之间是其盛花期，天天有花可赏，让人目不暇接。在我住的新店山上小区里，金银花是相当普遍的围篱植物，甚至有一些就在向阳的山坡地上落地生根。每回牵狗在小区散步，总爱细细欣赏每户人家的植物，而金银花的姿色可算是名列前茅，一点都不输给园艺植物中的大家闺秀（如樱花或梅花），还多了几分野性美。

冬末时节的金银花花苞。

金银花花朵初绽放时是白色，而后转成金黄色。

金银花正名叫作忍冬，是十分常见的观赏植物，也是著名的中药材。

2月自然课堂

家八哥
与八哥

家八哥是亚洲的原生鸟类，由于对环境的适应力强，饲养容易，加上模仿声音的能力也很强，因此成为颇受欢迎的宠物鸟而被引荐到世界各地。它们来到台湾之后，部分逃逸而在野外落地生根，甚至对台湾原生的八哥产生排挤效应。如今都市环境几乎已成为家八哥的天下，即使是高度人工化的环境，家八哥也适应良好，常常看到它们在行道树及安全岛间呼啸而过，而且一点都不怕人，还会模仿其他鸟类的鸣声，让人啼笑皆非，堪称鸟类中的大顽童。

反观台湾原生的八哥，长相不凡，全身漆黑，头顶额部羽毛竖成羽冠状，颇有王者之相，由于具有模仿人类说话的能力，过去常有幼鸟被捉来饲养以贩卖牟利。幸而台湾保护观念的进步，使野鸟的贩卖已大幅减少，但八哥面临另一种挑战，即与外来种家八哥的生存空间之战。

以目前的状况而言，平地的都市空间似乎以外来的家八哥最占优势，八哥则退守至乡间的农田、竹林、疏林或开阔地带，但长期而言依然需要持续监测这些外来种家八哥对原生八哥的生存影响。

外来种家八哥眼睛四周有黄斑，体色为深褐色，飞行时会露出翼上与尾羽的白斑。

台湾原生的八哥，长相不凡，全身漆黑，头顶额部羽毛竖成羽冠状，颇有王者之相。

2月自然课堂

红楠的
冬芽与新叶

红楠的冬芽十分特殊，由鳞片叶以覆瓦方式包覆而成，可以紧密保护冬芽，免于被昆虫或病菌、低温所害。这些肥大的冬芽看起来神似小小的猪蹄，所以红楠又被称为猪脚楠。

每年早春，台湾低海拔山区最醒目的景致之一，即红楠的鲜红新叶，特别是刚萌发的几天，满树嫩红的新叶，比花朵还美。

红楠是台湾低海拔山区的优势树种之一，在我居住的新店山区附近，到处可见红楠及其他楠木的踪影，很多都相当高大挺拔，显见岁月久远，幸而这些楠木在小区开发过程中都被保留下来，如今我们才能年复一年欣赏红楠美丽的冬芽与新叶。

楠木的外观很类似，但只要看到红楠的肥大冬芽，就可大概确定其身份。红楠的冬芽是冬末早春的重要景致之一，值得细细观察。冬芽外面覆盖了严密的覆瓦状鳞片叶，这种变态叶的功能是为了保护珍贵的冬芽，以熬过寒冷的冬天，同时避免幼嫩的叶芽流失水分，或遭昆虫啃食。

随着气温逐渐回升，休眠的冬芽开始有了变化，芽的顶端变得更红，然后鲜红醒目的新叶伸出，伸展的新叶颜色也会逐步加深，整个过程的变化十分好看，常有人误以为是红楠开花。

其实红楠开花是在新叶完全长出、几乎都转变成正常的绿色之后，顶端的枝条冒出一丛丛黄绿色的圆锥花序，从3月一直到4月间都看得到红楠开花。不过红楠的花并不显眼，比较像长出来的新叶，看来红楠喜欢颠覆我们对植物的既定想法，才会让新叶比花美，以混淆视听。

红楠的新叶长出转变成绿色之后，顶端的枝条会冒出一丛丛黄绿色的圆锥花序。

【建议延伸阅读：《台湾种树大图鉴》上册P154~155】

许多公园都种植了红楠，它是值得仔细观察的特殊树种。

红楠的冬芽看起来神似猪蹄，又被称为猪脚楠。

2月自然课堂

通泉草
的讯息

通泉草的花冠唇形，上唇瓣
比较小，只有下唇瓣的一半
大小，下唇瓣是整朵花的视
觉焦点，内侧有两条黄色毛
状鳞片。

通泉草开花集中，数量又多，让春天的草地美丽起来。

看到通泉草在草地上绽放，就知道春天到了。

通泉草为唇形花冠，在阳光照射下显得十分明显。

自从搬到新店山上之后，每年冬天的日子大多是又湿又冷，而户外的植物景致也是既萧条又单调。直到有一天在公园的草地上看到一朵朵紫色的通泉草小花冒出头来，我便知道春天到了。

通泉草没开花之前，就像是草地上的隐形植物，绿油油一片，根本分不清通泉草在哪里。只要开花的时候一到，鲜明的蓝紫色花朵在草地上格外出众，花朵虽小，但开花集中，加上数量又多，远远望去就像是草地上的繁星点点，非常漂亮，是早春最吸引人的野花景致。

十多年来，通泉草几乎都是准时报到，但近年来的暖冬打乱了它们的节奏，有些早早在12月就开了花，误以为是春天来报到，但突如其来的寒流往往让娇嫩的花朵承受不了。反而到了春天的盛花期，也开得七零八落，没有往年的繁荣景象，看来植物也得要适应气候的大变化，否则真不知道会有什么样的改变。

不过草地上的通泉草依然是我的最爱之一，尤其这个时候气温逐渐回暖，在耀眼的阳光下欣赏整片的通泉草紫色花海，是人生一大乐事。只不过这样的美景常被小区定期的除草作业破坏无遗，毁于一旦，幸而有些偏僻的山坡地，除草作业没有那么勤快，反而成为我欣赏春天野花的私人角落。

【建议延伸阅读：《台湾野花365天》秋冬篇P165】

通泉草的花朵很小，但模样十分特别，大大的下唇瓣里的黄色毛状鳞片是它的一大特征。

筑在树上的举腹蚁巢是台湾低海拔山区最常见的蚂蚁聚落，主要筑巢材料包括植物纤维或碎屑。为了让蚁巢稳定坚固，筑巢的位置多半在树枝的分岔处。

2月自然课堂

树上的
举腹蚁巢

举腹蚁的长度约4毫米，其腹部常举得高高的，也是名称的由来。工蚁和兵蚁的外形并不容易区分，不过从其负责的工作就可看出端倪。

举腹蚁巢的剖面，可看出每一室并非规则的形状，有大有小，由工蚁负责整个蚁巢的维护工作。

　　蚂蚁是大家熟悉的昆虫之一，尤其它们的社会性生活习性一直是吸引生物学家研究的热门主题。对一般人而言，蚂蚁一点都不陌生，但也很陌生，因为不会有人不认得蚂蚁，不过也仅止于此，我们对蚂蚁的生活还是所知有限。

　　就拿树上的举腹蚁巢来说，我就一再听到许多人将其误以为是蜂巢而恐惧害怕。其实举腹蚁巢在台湾低海拔山区到处可见，数量之多，让人想看不到也难。一大团圆球状的巢包覆着树干枝条的分岔处，远观会以为是用土筑成的，其实那些材料大多是植物的纤维与碎屑，因此也可以说举腹蚁巢是纸做的，只不过这个纸做的巢十分牢靠，不论刮风下雨都丝毫不为所动，堪称纸制品之最。

　　举腹蚁巢内最忙碌的要算是工蚁，负责所有的劳动工作，既要整理内务，维持蚁巢的清洁，还要照顾卵、蛹及幼虫，晚上还要离巢觅食，再回巢喂食蚁后和幼虫。特别的是，举腹蚁巢内看不到储存的食物，因为工蚁找到植物种子或昆虫幼虫后，并不像其他蚂蚁会把食物拖回巢里，而是直接吸取食物的汁液，回巢后才会吐出。

　　兵蚁负责蚁巢的保护和防卫，如果太过靠近蚁巢，难免会被愤怒的兵蚁攻击。幸而举腹蚁巢大多高挂树上，过着与世无争的生活，一般人被误蜇的机会几乎是没有的。

举腹蚁在树上的巢常被误认为蜂巢。

群聚在树叶上觅食的举腹蚁。（杨维晟摄）

3月 MARCH
自然课堂
100 Lessons of
Urban Nature

3月自然课堂
家燕筑巢

家燕的巢是开口向上的碗状泥巢，直接固定在建筑物上，幼鸟的胃口就像无底洞般，只要看到亲鸟飞回巢里，马上张大黄口，嗷嗷待哺。

家燕的外侧尾羽很长，呈深叉状，是它们的重要特征。

家燕属于夏候鸟，每年早春来到台湾，在此产卵，抚育下一代，直到中秋节前后离开，集体飞往东南亚一带过冬，等到来年春天回暖之后再回到台湾。

每年只要看到家燕快速穿梭的身影，就知道春天来了。

台湾城镇的商店街骑楼是家燕最爱的筑巢地点，走在骑楼下，抬头看总不难发现家燕的泥巢。

好玩的是，台湾人似乎很欢迎家燕筑巢，据说意味着家业兴旺，但头顶有鸟巢，路过的客人难免会遭鸟粪殃及，于是每个商家都各出奇招，有的订制特殊的木架承接鸟粪，有的挖掉天花板，还有的家燕筑巢在骑楼的灯座上，于是晚上都不开灯，以免干扰家燕。这些景致让人百看不厌，家燕和台湾人共处同一屋檐下，完全验证了与大自然和谐共存的可能性。

家燕的巢是开口向上的碗状泥巢，直接固定在建筑物上，筑巢时雌雄家燕一起来回寻觅湿泥，大概要一周左右才会完成。

每窝约有4至5个蛋，雌雄家燕轮流孵蛋，大概两周左右即可看到雏鸟破壳而出。接下来的两个月是最辛苦的阶段，雌雄家燕轮流出外觅食，哺育幼鸟，幼鸟的胃口就像无底洞般，只要看到亲鸟飞回巢里，马上张大黄口，嗷嗷待哺。于是只见家燕马不停蹄，飞进飞出，好不辛苦，只有炎热的中午时分停栖在巢的附近，稍事休息。

欣赏家燕，观察家燕的求偶、繁殖、育雏到小鸟离巢单飞，整个过程就在你我的身边，不需远求，也不用探险，这是多么幸运的事，而且最棒的是年复一年，家燕一定准时来报到。

雌雄家燕会轮流出外觅食，哺育幼鸟。

家燕的泥巢常常筑在人来人往的骑楼下。

3月自然课堂

爱骗人的
棕背臭蛙

背部荐骨特别突出，是棕背臭蛙的特征之一。

棕背臭蛙多半喜爱在溪流或沟渠的环境活动，趾端膨大的吸盘，可不要把它们误以为是树蛙。

　　春天天气逐渐回暖后，在小区的步道上散步，旁边的沟渠会不时传来一声"啾"的声音。记得以前第一次听到时，还以为有小鸟掉到水沟里，后来才知道原来是棕背臭蛙的奇特声音。学会辨识它们的声音后，再也不会上当受骗，不过这门课对赏蛙的人来说是入门的必修课程。

　　虽然棕背臭蛙的声音很容易辨认，但它们的行踪隐匿，想要看到其庐山真面目，难度相当高。但在每年2月到10月之间的繁殖期，棕背臭蛙叫得十分勤快，连少有蛙叫的大白天里也会叫，也难怪许多人都会误以为是鸟叫声而拼命找鸟。

　　棕背臭蛙的身体颜色变异很大，增加了辨识的难度，但大多还是绿色、褐色或两色交杂，其趾端膨大呈吸盘状，非常适合在溪涧的环境中活动，它们也是蛙科的蛙类中吸盘特大的种类，常被误认为树蛙。

　　棕背臭蛙的雌蛙会选择溪水流速缓慢的浅水区域产卵，常产在石头底下或石缝之间，产卵数约为数百颗之多。由于这些产卵地带通常相当阴暗，所以棕背臭蛙的卵是白色，不具有防紫外线的黑色素。

　　棕背臭蛙是台湾的特有蛙类，下次在野外的溪涧或沟渠旁听到它们"啾、啾、啾"的声音，千万不要再忙着找鸟了。

【建议延伸阅读：《台湾赏蛙记》P88~89】

褐色型的棕背臭蛙。

绿色型的棕背臭蛙。

3月自然课堂

紫色花海
的苦楝

苦楝的花期约在每年的3~4月间，
复总状花序，花朵多数密生，淡
紫色，有花香，会吸引蜜蜂。

苦楝的果期在每年的5~10月间，果皮
由绿转成黄色即成熟，果实数量很多，
吸引许多鸟类前来取食，是野鸟喜爱的
"餐厅"之一。

苦楝树白中带紫的花朵散发出一种独特的清新优雅。

不怕艳阳的苦楝树常生长在河堤、田野等空旷环境中。

苦楝的姿色在台湾的本土树种当中可算是一流的，却因为名称里的"苦"字吃了不少亏，以致始终未能得到人们的青睐。其实这个"苦"是源自其木材的苦味，据说可以防虫，所以以前的橱柜、箱子都很喜欢用苦楝的木材制作。

就观赏性而言，苦楝可是一点也不输给樱花或梅花，但台湾人的忌讳根深蒂固，绝对不会在家里栽种苦楝，深怕霉运上身。因此苦楝的身影多半是孤零零地伫立在农田旁或溪边，离住家总有一段不小的距离。

其实苦楝一年四季的风貌既丰富又多变，每一季节都值得细细欣赏。暖春三月，原本萧瑟光秃的枝条嫩叶齐放，同时淡紫色的花朵也开得满满的，满树的粉紫嫩绿在春风中摇曳生姿，是苦楝最美的模样，如果再加上蒙蒙细雨，美得格外空灵脱俗，还让人多了一些想象空间。

夏天的苦楝热闹非凡，树枝上多的是知了和蝉蜕，可以在树下消磨漫漫长日。秋天的苦楝叶子变黄脱落，黄熟的果实露了出来，大批饥肠辘辘的野鸟经常光临苦楝，这里是它们最爱的"餐厅"之一。守在苦楝树附近，不难看到白头鹎、五色鸟、黑短脚鹎等取食的画面。

苦楝很少栽植在住家的庭院中，我却曾在台北天母一带的老宅院里看到一棵老苦楝，其年岁颇大，树冠饱满，几乎覆盖整个庭院，真的美极了。苦楝的美吸引了西方人，英国人早在17世纪就将苦楝引进，美国也在18世纪将其引进而成为很受欢迎的庭园观赏树。在中国台湾备受冷落的苦楝却在异国土地上找到新的天地。

【建议延伸阅读：《台湾种树大图鉴》下册 P16~17】

到了苦楝开花的季节，淡紫色的花海是春天的风景。

苦楝的果实常常吸引大批野鸟来大快朵颐。

3月自然课堂

燃烧的火焰
——木棉

木棉的花朵硕大，单生叶腋
或顶生，花色由橘红至橘色
都有，雄蕊多数。

蒴果成熟后开裂，内有长绢
毛，黑色种子多数，随着棉
絮飘散飞行，是十分典型的
风媒种子传播方式。

木质蒴果呈椭圆形。

木棉和苦楝一样，都是我偏爱的树种之一，但它们两者的魅力是截然不同的。木棉的美是阳刚的，不论开花的方式还是花朵与枝条的对比，都是充满力量的阳刚之美，苦楝则是婉约的女性之美，充满温柔空灵的想象空间。有趣的是，它们都在春天开花，让台湾的春天美得令人目不暇接。

木棉在17世纪时由荷兰人引进中国台湾，而后又陆续在华南地区引进栽培。一开始是着眼于木棉果实内的棉毛纤维，但还是竞争不过便宜的棉花，于是产量日减，转而变成观赏树种。每年初春时分，光秃的枝条开出一朵朵硕大的橘红色花朵，仿佛燃烧的火焰般，点亮了城市的街道。木棉的美深受人们喜爱，台中和高雄都将木棉选为"县树"和"市树"。

木棉的名称来自其木质蒴果内的细柔棉毛，每当果实成熟时会开裂，里面的棉絮便随风飘荡，煞是美丽，只是过敏体质的人可能就无福消受，最好还是避开木棉棉絮飘扬的季节。

木棉开花期间也成了野鸟喜爱造访的"食堂"之一，常见暗绿绣眼鸟、黑短脚鹎忙着穿梭其间，吸食木棉的花蜜。曾在金门的金城镇老街里的总兵府内看到一棵三四层楼高的木棉老树，树冠十分壮观美丽，给我留下了难以磨灭的美好印象。

【建议延伸阅读：《台湾种树大图鉴》下册P50~51及《台湾赏树情报》】

很多地方都种植木棉当行道树，春天开花时一片花海。

麻雀穿梭木棉花间吸食花蜜。

春天常常可以看到落了一地的木棉花。

木棉花硕大的橘红色花朵，仿佛燃烧的火焰。

3月自然课堂

春天草地
小野花

　　春天的信息，野花最了解。气温一天天回暖，草地上的小野花一一冒出头来，仿佛告诉我们：春来了。这样清楚的讯息年年周而复始，但因为小野花的个头实在很小，很容易就被忽略了。

　　春天草地的小野花种类繁多，包括黄鹌菜、中华小苦荬、黄花酢浆草、蛇莓、紫色花的通泉草、红花酢浆草，这些小不点把嫩绿的草地点缀得热闹极了。想要欣赏它们，得趴下身体，最好和这些小野花同一水平高度，才能仔细观察体会。如果执意维持人类的高度，恐怕只会视而不见。

　　像菊科的黄鹌菜、中华小苦荬，原本藏身于绿色草地里，春天一到，马上抽出一朵朵典型的菊科花朵，这时才赫然发现它们的身影。短短的时间内它们开花结果，忙着繁衍下一代，不妨仔细观察它们的花朵和果实。

　　另一种春天草地里的小精灵就是蛇莓，开完花后马上结出红通通的果实，数量又多，让草地变得美丽极了。蛇莓的果实虽小，不妨尝尝看，酸酸的味道谈不上美味，但蛇莓的果实应是许多昆虫在春天的重要食物来源之一。还有酢浆草的叶片，是许多小朋友熟悉的玩伴，为春天增添了许多乐趣和回忆。

【建议延伸阅读：《台湾野花365天》春夏篇】

中华小苦荬全株光滑无毛，茎叶带有粉绿色调。

红花酢浆草的花朵是春天野地的艳丽色彩。

蛇莓开完花后马上结出红通通的果实。

黄鹌菜、中华小苦荬均是春天野地里最常见的菊科野花，还常跟红花酢浆草混生一处，构成黄色与紫色的野花美景。

小小的蛇莓和黄花酢浆草是春天野地里的小不点。

Lesson

22)

100 Lessons of
Urban Nature

3月自然课堂

红翅绿鸠
的呼唤

红翅绿鸠是体形颇大的鸠鸽科野鸟，一身橄榄绿，隐身枝叶间不容易被发现。幸而其鸣声颇具特色，声大又传得远，是低海拔山区冬春间的重要自然景致。

第一次在家附近的公园听到红翅绿鸠的呼唤，觉得有点像凄凉的笛声，尤其是在寒意颇重的清晨及傍晚，听起来格外有感触。经常聆听之后，慢慢发觉红翅绿鸠的呼唤在低海拔的阔叶林中是重要的利器。

红翅绿鸠生活的环境多半是植被茂密的森林，要寻找配偶的踪迹不能只依赖视觉，声音在林子里可以达到更好的效果，特别是低沉的笛音更可传递至远方。一声声呼唤，在我们耳中听来是赚人热泪的凄切笛声，但它想表达的恐怕是："我已经准备好了，身强力壮，是最好的新郎……"

红翅绿鸠虽然多半在靠近山区的郊外才有机会遇到，但偶尔也会飞到都市，特别是食物较稀少的冬季，也能在植被茂密的植物园或校园里发现它们的踪迹，尤其是在结果的树上更容易看到它们。

红翅绿鸠蓝紫色的眼睛与深蓝色的嘴喙十分抢眼。

红翅绿鸠被笔管榕果实吸引，来到树上大快朵颐。

红翅绿鸠偶尔会到都市的公园绿地里觅食，因此都市里也可以见到它们的身影。

3月自然课堂

笔管榕的新芽

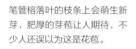

笔管榕落叶的枝条上会萌生新芽，肥厚的芽苞让人期待，不少人还误以为这是花苞。

芽苞绽放时，最外围的白色苞片会先行脱落，在空中漫舞，让人误认是笔管榕开花的景致，直到幼叶展开后，才让人恍然大悟原来是笔管榕长新叶。

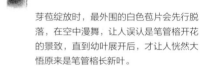

老叶落尽之后，长满一树新芽的笔管榕。

笔管榕保护新芽的白色苞片挂在树上，像是花瓣。

笔管榕是一种常见的桑科榕属树木，不论是公园或校园，都很容易看到笔管榕，特别是一些笔管榕的老树更有可看性。除了雄伟伸展的树姿外，每次更换新叶时，正是笔管榕最美丽的面貌。

笔管榕是落叶性的树木，每年落叶的状况不定，似乎和气温、雨量都有关系，同时台湾南北各处的笔管榕也有差异，是值得进一步记录观察的现象。不过发现笔管榕落叶后，要记得观察接下去的变化，绝对会有收获的。

笔管榕的枝条上会萌生新芽，肥厚的芽苞让人期待，不少人还误以为这是花苞，尤其芽苞绽放时，最外围的白色苞片会先脱落，在空中漫舞，更让人误以为是笔管榕开花的景致，其实这是自然界难得一见的树叶华丽登场的演出，让人印象深刻。

从笔管榕的名称可看出其与鸟类的关系密切，笔管榕的榕果硕大，加上结实数量又多，每到结果季节，笔管榕就成了最受欢迎的野鸟食堂，不知养活了多少野鸟。想要赏鸟，请锁定结果的笔管榕，一定可以收获丰硕的。

【建议延伸阅读：《台湾赏树情报》】

笔管榕是落叶性树木，落叶前枝丫上会挂着一树黄叶。

笔管榕似花苞状的新芽。

新叶长出来之前，白色苞片会先行脱落。

075

3月自然课堂

猫咪的情事

猫咪虽不是野生动物，但与人类维持着若即若离的关系，让它们始终保有一分野性。都市中永远看得到自食其力的野猫，在隐秘的角落里一代代繁衍成长。

　　猫咪的成长快速，大约6至8个月即可达到性成熟，此时母猫若有交配意愿，它会发出不同于平常的叫声，也会散发出强烈的信息素，吸引公猫前来交配。发情季节里，母猫的排卵分成许多次，因此即使是同一胎出生的小猫，也会有不同的公猫爸爸。

　　台湾气候温暖，猫咪的发情次数似乎不止两次，但春天还是发情的高峰期之一。春天的夜里不时传来凄厉的吼声，多半是公猫正在为母猫大打出手，其实母猫的选择似乎不全然是胜利者优先，有些惨遭滑铁卢的公猫还是可以得到和母猫交配的机会，看来母猫的喜好还是有点"内心确信"的味道。

　　家里养的猫咪为避免发情季节来临的困扰，最好早日结扎，以绝后患。否则以猫咪繁殖力之强，恐怕难保不猫满为患。

都市的流浪猫常常趁着夜色掩护外出觅食。

猫咪生育力强，常可在街上看见母猫带小猫的画面。

猫咪常常躲藏在停车场等空旷的环境里。

一到春天，公猫晚上常求偶打斗，白天则是懒洋洋的。

有些流浪猫喜爱在公园野地里生活。

4月 APRIL
自然课堂

100 Lessons of
Urban Nature

4月自然课堂

台湾
蓝鹊

台湾蓝鹊属于杂食性，除了喜爱水果、浆果等果实之外，也会捕食青蛙、蜥蜴、蛇、昆虫等动物，而且还有收藏食物的有趣行为，以备不时之需。台湾蓝鹊捕到青蛇后，会先将蛇头及前段身体部分的内脏吃掉，剩下的身体部分则撕成两三段，然后分别藏在不同的洞里，藏食物时还会用落叶覆盖，以免被其他动物发现。

台湾蓝鹊俗称长尾山娘，是台湾特有的鸟类，也是珍贵稀有的保护鸟类。它们多半喜爱栖息在海拔1800米以下的森林，未遭破坏的天然阔叶林更是它们的最爱，只可惜这样的生活环境在台湾已经日益稀少，于是适应人为环境似乎也成了台湾蓝鹊的新功课。

台湾蓝鹊体形硕大，加上常常成群活动，又喜欢喧闹，一旦发现它们的踪影，用肉眼即可欣赏，根本不用望远镜。它们全身上下除了头、颈、胸部是黑色外，几乎都是带有金属光泽的宝石蓝色，配上红通通的嘴和脚，还有美丽的长尾巴，可说是姿色不凡的野鸟，加上个性大胆不怕人，因此成了许多野鸟摄影者最爱的对象之一。

台湾蓝鹊的活动、觅食或筑巢都以家族为基本单位，育雏时还会出现有趣的帮手行为，即照顾幼雏除了亲鸟之外，同一家族的年轻蓝鹊也会一起帮忙，显见台湾蓝鹊的家族基础相当稳固。台湾蓝鹊的食物除了它们喜爱的水果、浆果或坚果之

台湾蓝鹊有超长的尾羽，是姿色不凡的特有鸟类。

外，也包括小动物，如蛙类、蜥蜴、昆虫、蜗牛等，而且还有收藏食物的行为，以备不时之需。

记得一次造访高雄六龟的扇平林业试验分所，那里有固定的台湾蓝鹊家族，每天一大清早就到宿舍旁的木瓜树报到，一家子吃木瓜吃得不亦乐乎，也让我们大饱眼福。还有一次是新店的花园新城，一对蓝鹊就在小区的枫香行道树上筑巢育雏，让整个小区为之轰动，大家都呼朋引伴来观赏，成为那段时间最重要的话题和活动。

我居住的小区虽然也在新店山区，但因人工化较严重，似乎还无法吸引台湾蓝鹊造访，只有一次惊鸿一瞥，在路灯上看到一对台湾蓝鹊，但似乎只是短暂停留，之后没有再看过。但愿有一天我的小区也能逐渐恢复低海拔山区的自然样貌，相信终能获得台湾蓝鹊的青睐。

台湾蓝鹊的活动、觅食或筑巢都以家族为基本单位。

台湾蓝鹊的雏鸟有一大堆保姆帮忙照料。

【建议延伸阅读：《野鸟放大镜》食衣篇】

4月自然课堂

盘古蟾蜍
与黑眶蟾蜍

黑眶蟾蜍有黑色棱起的眼眶，
可和盘古蟾蜍清楚分别。

盘古蟾蜍的耳后腺体突出，
下方有黑褐色或棕色的线纹
延伸至腹部。

盘古蟾蜍的头部无黑色线条和斑点。

黑眶蟾蜍的头部有黑色线条和斑纹。

台湾的蟾蜍科蛙类只有两种，即盘古蟾蜍和黑眶蟾蜍，其中盘古蟾蜍是台湾特有种。蟾蜍的外形和一般蛙类很容易区分，在眼睛后方有耳后腺，全身皮肤布满大大小小的疣，两者都会分泌白色毒液，是防身利器。

要分辨这两种蟾蜍并不难，首先是体形的大小，盘古蟾蜍因天敌很少，常可发现大型个体，大至20余厘米长的盘古蟾蜍颇为常见，而黑眶蟾蜍就小得多，大多以10厘米以下的个体居多。其次是分布区域，盘古蟾蜍的分布很广，从平地到两三千米的山区都有，而黑眶蟾蜍则以平地为主，顶多到低海拔500米以下的山区。最后是两者的繁殖期也有所不同，盘古蟾蜍的繁殖以秋冬季为主，即每年的9月至来年的2月，黑眶蟾蜍则是春夏季的3至9月，刚好完全错开。

至于外形上的辨识，最简单的就是黑眶蟾蜍的眼睛四周有黑色棱起，看起来就像戴着一副时髦的黑框眼镜，盘古蟾蜍则没有，因此很容易分辨两者。盘古蟾蜍的明显特征就是饱满的耳后腺，下方还有黑棕色的线纹标记，成为最容易辨识的特点。

蟾蜍一般行动缓慢，多以爬行为主，偶尔辅以短距离的跳跃。它们只有在繁殖季才会来到水边，平时一般都在陆地活动，尤其下过雨的夜晚更容易看到它们出来觅食。在我居住的小区，因属低海拔山区，所以看到的几乎都是盘古蟾蜍，它们行动缓慢，又爱在小区道路上闲逛，因此常成为车轮下冤死的牺牲者。

【建议延伸阅读：《台湾赏蛙记》P130~131及P150~151】

黑眶蟾蜍在繁殖季会到水塘、湿地中求偶。

样貌可爱的盘古蟾蜍常常出现在柏油路上觅食。

正准备产卵的盘古蟾蜍（上雄下雌）。

叉尾斗鱼通常由雄鱼在水面上筑好泡巢，雌鱼将卵产于泡巢内，然后由雄鱼保护直到幼鱼孵化为止。

叉尾斗鱼雌鱼的尾鳍较雄鱼短（左雄鱼，右雌鱼）。

从水面上看雄斗鱼为产卵所筑的泡巢。

4月自然课堂

叉尾斗鱼
与食蚊鱼

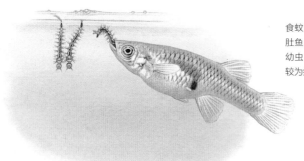

食蚊鱼原产于北美洲，又名大肚鱼，多以水生昆虫及蚊类的幼虫（孑孓）为食，通常雄鱼较为瘦小，雌鱼则大腹便便。

第一次对斗鱼产生兴趣，大概是在高一时读了《所罗门王的指环》，劳伦兹博士对于斗鱼的繁殖行为描述得非常有趣，当时就暗下决心，有机会一定要养斗鱼，以亲眼目睹雄鱼筑巢护幼的行为。只是水族馆贩卖的都是一只只颜色鲜艳的泰国斗鱼，雄鱼的观赏价值高，完全没有雌鱼的踪迹，小小的心愿始终未能得偿。

多年以后友人送给我几只叉尾斗鱼，才终于得偿夙愿。叉尾斗鱼又叫"盖斑斗鱼"，闽南语称之为"三斑"，水族业者则多半称为"彩兔"。由于叉尾斗鱼原生于台湾的池塘、沟渠、水田或湖泊，但这些原生环境不是大为萎缩，就是污染严重，以致以前到处可见的叉尾斗鱼，现已成为保护淡水鱼种。

叉尾斗鱼的饲养容易，雄鱼外形美观，一点都不输给观赏的泰国斗鱼。当雄鱼成熟可繁殖时，其体色愈发鲜艳，全身暗红色，有蓝青色横带约十条，尾鳍末端延长为丝状。通常由雄鱼在水面上筑好泡巢，雌鱼将卵产于泡巢内，然后由雄鱼保护直到幼鱼孵化为止。这个过程非常有趣，加上饲养容易，推荐给喜爱小动物的大小朋友。家里若有小水池或池塘，可以放一些斗鱼或食蚊鱼，不仅照顾容易，也可防止蚊虫滋生。

食蚊鱼原产于北美洲，又名大肚鱼，早在1913年就引入台湾，对环境的适应力极强，也耐污染，即使是低溶氧的水域环境也有办法生存，多以水生昆虫及蚊类的幼虫（孑孓）为食，通常雄鱼较为瘦小，雌鱼则大腹便便，和其名称十分吻合。当初引进食蚊鱼应是为了控制蚊类为害，但它们有强悍的生存能力，快速扩展至全台湾的水域，结果导致台湾原生的青鳉鱼几乎灭绝。

由叉尾斗鱼和食蚊鱼的例子，刚好可以看到原生淡水鱼种和外来鱼种的变迁，让人不胜唏嘘。

【建议延伸阅读：《台湾淡水鱼虾生态大图鉴》下册】

食蚊鱼雄鱼较为瘦小，雌鱼则大腹便便。

4月自然课堂

蓝尾石龙子

蓝尾石龙子的背部底色为褐色或灰褐色，幼蜥的特征如背部金线和尾部的宝石蓝色变得较不明显，成蜥的头部和身体两侧有红色斑。

蓝尾石龙子应该算是台湾最为常见的蜥蜴之一，也是分布最广且数量最多的种类。有趣的是，让人印象深刻的反倒是幼年期的蓝尾石龙子，其体背具有闪闪发亮的五条纵行金线，还有耀眼金属光泽的宝石蓝色尾巴，让人一眼就能认出，而且几乎不可能认错。反观成年后的蓝尾石龙子就变得平淡许多，外形既不抢眼，也没有特殊的色彩，野外目击的机会似乎少得多。

蓝尾石龙子的幼蜥十分常见，尤其是温暖有阳光的日子，走在野花野草丛生的步道阶梯上，不经意就碰到它，眼前倏忽闪过一条宝石蓝色的尾巴，那种光泽和色彩在阳光下真是美极了，比任何宝石还有吸引力。

蓝尾石龙子的移动能力很好，每次遇见它们总是一溜烟就不见了，其实它们

蓝尾石龙子的幼体有宝石蓝色的尾巴，十分容易辨认。

爬行时和我们走路的方式有点雷同，即左前肢与右后肢一组，而右前肢与左后肢为另一组，两组交替快速向前进。

【 建议延伸阅读：《台湾蜥蜴自然志》P78-79 】

Lesson

29

100 Lessons of
Urban Nature

4月自然课堂

油桐花季

油桐于春夏4至5月间开花，花朵有白色花瓣五片，花筒中心红褐色，有淡淡的香气。

油桐的核果球形，直径约5厘米，表面有棱状突起，内有种子3到5粒，可以榨油，昔日多用于船只的防水处理，高雄美浓著名的纸伞外层以桐油处理过，才能遮风挡雨。

每年4月到5月之间，原本一片新绿的山野开始出现一团团雪白的景致，提醒着人们"油桐花季"又到了，这是台湾低海拔山区的春天主景之一，尤其是满树雪白慢慢蔓延开来，才惊觉油桐之多，可说是满山满谷。

油桐其实并不是台湾的原生树种，大约在1915年日据时代才引进栽培，当时的着眼点是为了木材和桐油的生产，其木材质料轻盈，虽不耐用，仍可制作木屐和火柴棒，而桐油是早期造船不可或缺的防水材料，因此油桐才会在台湾低海拔山区普遍栽植。

如今事过境迁，物换星移，油桐早已从林业生产的一员功成身退，同时也在低海拔山区落地生根，每年台湾"客家委员会"和许多地方都会推出"桐花季"活动，结合赏花和客家聚落活动，吸引许多都市人走到户外欣赏"五月雪"的风采。

走在油桐树下，白色的花瓣无声无息飘落身旁，亲身感受一下这场五月雪，让自己的身心在美的氛围里舒展开来，其实何须远求，这样的美景比起日本的樱花也丝毫不逊色。

【建议延伸阅读：《台湾种树大图鉴》下册 P6~7】

落在水里的油桐花另有一番诗意。

白色花瓣配上红色花心是油桐花的特征。（汪素娥摄）

何须远求，油桐落花犹如遍地白雪的美景，比起日本的樱花也丝毫不逊色。（汪素娥摄）

4月自然课堂

相思树
与木炭

相思树的叶片是由叶柄演化成的镰刀状假叶，这种变态叶的水分蒸散作用缓慢，有利于对干旱环境的适应。金黄色球形小花簇生于叶腋，盛开时满树金黄，颇为壮观。

相思树是台湾低海拔山区的主要树种之一，加上过去和人们的日常生活密切相关，以致几乎没有人不知道相思树。其实相思树在台湾的原生地原本只局限于恒春半岛，属于耐旱、防风的热带树种。日据时代因燃料的需求，木炭的生产持续上扬，为了提供足够的相思树木材以制作木炭，于是在全台湾的低海拔山坡普遍栽植，才造就了今天到处可见的相思树林。

每年4月开始，原本平淡无奇的相思树开始染上一头金黄，为春天的景致平添了多样的色彩，尤其此时通常也是油桐花季，于是，满山满谷的雪白与金黄相映成趣，堪称低海拔山坡最具观赏性的季节。

仔细端详相思树，原来满树金黄的花朵却是小得离奇，一朵朵小球状的金黄色小花，簇生于叶腋，由于数量极多，才能造就视觉上的极大效果。这些小花盛放时会释放出气味，有人说是微香，但每当我走过开花的相思树林，扑鼻而来的却是股酸味，很难形容这种气味，不过并不是惹人厌的味道。

相思树林是人造的纯林景观，如今木炭的生产早已功成身退，遍布低海拔山坡的相思树林如今也开始加入自然演替的一环，当其达到自然寿命120年之后，衰老的相思树将由原本低海拔的主要树种取代，例如樟树和楠木等，于是台湾低海拔的景致又将逐渐恢复原貌。

【建议延伸阅读：《台湾种树大图鉴》下册P14~15】

相思树的金黄色小花，带有一股淡淡的特殊气味。

相思树一朵朵小球状的金黄色小花，簇生于叶腋。

相思树的细长假叶形态非常好辨认。

枫香的新叶

小叶榄仁的新叶

4月自然课堂

行道树
的新叶

樟树的新叶

　　每年3月、4月是欣赏树木新叶的最佳时机，即使是在都市里，季节的脚步一样不曾停歇，时候到了，长新叶、开花、结果、落叶飘零，一个都不少，尤其是在我们身旁的行道树，更是最好的欣赏对象。

　　以台北的行道树而言，春天新叶最有看头的当属枫香、樟树和小叶榄仁。办公室旁敦化南路有整排的樟树，是赏树的好去处，这里的安全岛既宽敞又舒适，漫步樟树林下，抬头仰望新长出的嫩叶，特别是成叶与幼叶的对比，形成极富层次的绿。

　　枫香的新叶刚萌发时是鲜红色，此时叶绿素尚未形成，接受阳光洗礼后，很快转成稚嫩的鲜绿色，是最美丽的绿色，尤其一整排高大的枫香，全部换上鲜绿的外衣，是视觉上极大的飨宴。

　　至于小叶榄仁的新叶，其实吸引人的并不是叶片的姿态或色彩，反倒是原本挺拔光秃的枝条，突然抹上新绿，让刚硬的树木线条，多了几分柔美和表情，是这个季节里值得好好欣赏的树木之一。

【建议延伸阅读：《台湾赏树情报》】

经过阳光照射，小叶榄仁的新叶更显得翠绿。

小叶榄仁嫩绿的新叶传递着春天的讯息。

春天一到，一整排高大的枫香，全部换上鲜绿的外衣。

春天的樟树开始长出新叶，在阳光下，透出嫩绿的色彩。

Lesson

32

100 Lessons of
Urban Nature

4月自然课堂

杜鹃花季

杜鹃花是大家熟悉的观赏花卉之一，被台北市选为市花，城市里几乎到处可见，不论是校园、公园或安全岛上都少不了杜鹃花。作为台湾最高学府的台湾大学素有"杜鹃花城"之称，椰林大道上的杜鹃花丛，每到花季总是开得灿烂无比，也吸引许多人到此一游。

其实大家熟悉的杜鹃花大多是园艺品种的白花杜鹃，其花色繁多，加上开花整齐，栽植容易，因此成为栽培杜鹃的主要品种。事实上，台湾还有许多原生的杜鹃种类，如砖红杜鹃、短鳞芽杜鹃、台红毛杜鹃、台北杜鹃和玉山杜鹃等，都是颇富姿色的原生花卉，只可惜原生地的大规模破坏，让满山遍野的杜鹃开花美景，只有在人迹罕至的高海拔山区才看得到，而且时间稍晚，大约都是集中在高山地区的夏天。

【建议延伸阅读：《台湾种树大图鉴》下册 P52~55 】

杜鹃花色多变而美丽，且栽植容易，在很多公园可以看到。

每到杜鹃开花的季节，各色各样的花朵让人目不暇接。

原生于高海拔山区的台红毛杜鹃，是台湾原生种的杜鹃花。

5月 MAY
自然课堂
100 Lessons of
Urban Nature

杨梅的雌花序单
生于叶腋。

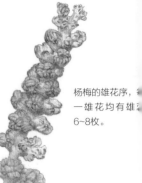

杨梅的雄花序，
一雄花均有雄蕊
6~8枚。

5月自然课堂

杨梅开花
与结果

杨梅的果实为球形核
果，可腌渍成好吃的
蜜饯。

杨梅的新叶色彩鲜艳。（黄丽锦摄）

杨梅是杨梅科杨梅属的常绿大乔木。（黄丽锦摄）

杨梅俗称"树莓"（闽南语），它的果实腌渍成的蜜饯是童年时美好的回忆之一，只是现在几乎买不到，偶尔在菜市场或卖乡土零食的店里才看得到。杨梅蜜饯的滋味酸酸甜甜的，又有莓果类的水分，常让人吃了欲罢不能。

杨梅是杨梅科杨梅属的常绿大乔木，台湾各地以北部较多，结果状况也较好。杨梅的果实球形，成熟时为鲜红色、淡红色或白色。

记得十多年前刚搬到山上小区，邻居送给爸妈一棵杨梅树，当时只觉得它的姿态好看，也不曾在意过它。直到栽植好几年后，它恢复了生机，就在5月的梅雨季节时结了满树红红黄黄的果实，真的美极了。妈妈觉得摘果很麻烦，索性留给野鸟吃，于是棕颈钩嘴鹛、白头鹎、黑短脚鹎天天到花园报到，它们吃得不亦乐乎，我们则赏鸟赏得过瘾极了。此后每年5月都满心期盼杨梅结果，让野鸟盛宴再次登场。

还没转红的杨梅果实。（黄丽锦摄）

腌渍杨梅是传统的零食，红通通的果实让人垂涎三尺。

Lesson

34

100 Lessons of
Urban Nature

5月自然课堂

五色鸟
求偶筑巢

五色鸟喜欢选择枯朽的树干凿洞为巢，这应该是跟其嘴喙的力量有关，枯朽的树干较好处理，五色鸟用嘴喙将挖出的树木废料移至巢外丢弃。枯朽的树干在人类的眼里似乎一无是处，但大自然是不会浪费的，即使终结的生命也会滋养其他的生命。

100

住到山上十余年后，某些自然的变化似乎早已成为日常生活的一部分，例如看到草地上的通泉草冒出头，就知道春天的脚步不远了，接着2月的山樱美景、3月的家燕筑巢、4月的相思树和油桐开花，年复一年，轮回不息。不必依赖月历，其实自然时序的变迁更有参考价值。

　　5月除了梅雨外，最好的指标便是五色鸟（台湾拟啄木鸟）的叫声，听到它们的声音，就知道夏天快到了，随着五色鸟频频呼唤伴侣，气温也一天天升高了。

　　五色鸟的名字和其外表特征是十分吻合的，全身以鲜绿色为主要的色系，其他颜色几乎全部集中在头部，如额头、喉部的金黄色、前胸和脸颊的宝石蓝色、嘴基和前胸下方的正红色，以及黑色的细眉线，确确实实是五种颜色。五色鸟的体形不小，如果躲在浓密的树林里，一身绿色的它是不容易被发现的，不过到了4至8月的繁殖期，公鸟总喜欢选择高枝发出领域鸣叫，此时要看到它们就容易多了。

　　公鸟的鸣叫很像庙里和尚敲木鱼的声音，所以一般俗称"花仔和尚"（闽南话）。有趣的是，一只公鸟开始鸣叫，附近的公鸟也会不甘示弱加入战场，原本已经够大声的鸣叫，更是变得满山满谷回荡不已。我很爱聆听五色鸟的鸣声，虽然一点都不婉转动听，甚至有点吵，但充满生命力的鸣叫让人满心欢喜，因为再过一阵子，就会有新生命诞生，可以把五色鸟的鸣叫声视为揭开生命的序曲。

　　五色鸟通常喜欢选择枯朽的树干凿洞为巢，每到育雏期，五色鸟会捕食蚱蜢和蝉等大型昆虫来喂食幼雏，好让幼雏快快长大。一般而言，五色鸟的食物以树上的果实为主。

【建议延伸阅读：《野鸟放大镜》食衣篇与住行篇】

五色鸟身着以绿色为主的五彩羽毛。

五色鸟的大嘴喙不但能吃坚硬的果实，更能凿木筑巢。

五色鸟选择干枯的树干，并用嘴喙在上面打洞筑巢。

在树洞中育雏的五色鸟。

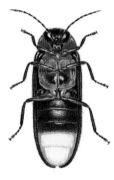

5月自然课堂

萤火虫季

红胸黑翅萤雄萤的发光器在腹部末端有两节，发光较亮。

红胸黑翅萤雌萤的发光器在腹部末端只有一节，发光较弱。

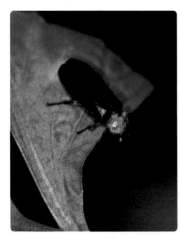

红胸黑翅萤是萤火虫夜光飨宴的主角之一。

萤火虫季是每年4月、5月的一大盛事，许多地区还会举行赏萤活动，让萤火虫成为初夏夜晚的主角。这段时间赏萤的高峰时段从太阳刚下山的5、6点一直延续到7、8点，晚上8点以后就只剩下零星的点点荧光了。

萤火虫以光作为沟通媒介，算得上是陆生动物的创举。在它们短暂的生命里，谈恋爱、交配是最重要的大事，于是在黑漆漆的夜里寻觅另一半时，闪烁不已的荧光就是雌雄萤沟通的媒介，要说是萤火虫的语言或密码也罢，或者也可浪漫看待，这些荧光其实就是萤火虫的绵绵情话。

萤火虫的荧光是一种冷光，由体内的荧光素经由酶的作用而产生，每一种萤火虫都有其特殊的发光频率和闪光模式，是为寻觅交配对象而精心设计的。雄萤一边发光一边四处徘徊，等待雌萤的回应，一旦雌萤看到它喜欢的闪光，就会在一段时间内不发光，然后一闪以响应雄萤，对雄萤而言，讯号中断后的一闪宛如灯塔的信号，告知它雌萤的所在位置。

想要欣赏初夏的萤火虫盛会，最重要的就是要有干净的水、水边丰厚的腐殖质及繁茂的草丛，以利于萤火虫产卵，同时也才有萤火虫幼虫赖以为生的小蜗牛和螺类。萤火虫的幼虫是肉食性，以小蜗牛和螺类为食，只要有干净的溪流或山沟，时候一到，大概就能欣赏荧光晚会了。

这么多年的赏萤经验，让我印象最深的一次是在十余年前。那一年雨水很多，让萤火虫大爆发，有一晚走在小区的道路上，刚好路灯发生故障，完全漆黑的路上浓雾密布，虽然是自己十分熟悉的路也不免心里发毛，谁知才转个弯，眼前出现的竟是梦寐以求的景象，道路两旁的草丛满满都是萤火虫，荧光简直比路灯还亮，我仿佛走在星光大道上，可惜的是只有我一人独享这极美的夜景。之后许多年一直期盼重温旧梦，但始终未曾如愿。

【建议延伸阅读：《甲虫放大镜》及《台湾甲虫生态大图鉴》】

5月自然课堂

泥蜂
筑巢

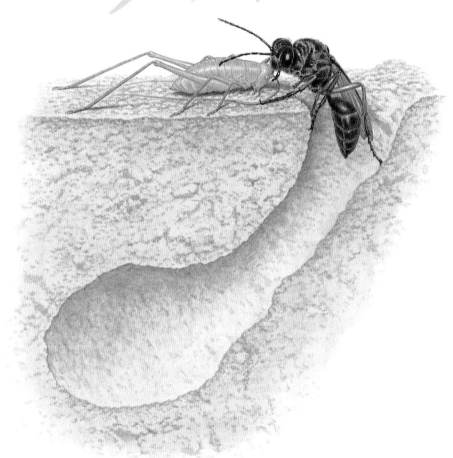

泥蜂捕食到螽斯若虫，正要拖进事先挖好的巢洞中。这是泥蜂为下一代精心准备的食物，将卵产在猎物身上，封好洞口，泥蜂孵化的幼虫即可安心在巢洞中以猎物为食，直到离开巢洞独立生活为止。

每年到了梅雨季节前后，花园里一定会有一群不速之客，把土壤挖得坑坑洞洞的。一开始对这些蜂类还有点戒心，毕竟蜂蜇可是一点都不好玩的，但观察一阵子之后，发觉它们对人一点兴趣也没有，就算我在花园里浇水，把它们辛苦挖好的巢都破坏了，也一样没有攻击性，只不过再从头来过罢了。

　　查书之后才知道这一类蜂就是鼎鼎大名的"泥蜂"，种类很多，其中最有趣的便是繁殖和育幼的行为。法布尔在《昆虫记》一书中曾大篇幅描述泥蜂的行为，看来泥蜂也是让法布尔深深着迷的一群奇特的蜂类。

　　泥蜂属于肉食性蜂类，平常根本看不到它们，在繁殖季节时要观察就容易多了，只要找到土面的坑洞守株待兔即可。运气好的话，还可以亲眼看到泥蜂带着捕食到的毛毛虫、蟋蟀或小蜘蛛等回巢，拖进事先挖好的巢洞，在这些猎物的身上产卵，然后封好巢洞，大功告成。泥蜂孵化后的幼虫以这些老早就准备好的猎物为食，直到离开巢洞为止。

　　泥蜂的筑巢繁殖时间十分集中，前后大概两周，原本在花园里熙来攘往的蜂群，突然又消失得无影无踪，连地面上的坑洞也了无痕迹，让人有种"春梦了无痕"的错觉，直到来年的梅雨季节才能够与泥蜂再度照面。

蜘蛛也难逃泥蜂的毒手。（杨维晟摄）

正在捕食毛毛虫的赤足泥蜂。（杨维晟摄）

泥蜂正在挖掘用来产卵的巢洞。（杨维晟摄）

5月自然课堂

金线蛙

金线蛙的体色差异相当大，图为褐色型的金线蛙。

金线蛙的外形滑稽有趣，由体形的线条和浑圆的肚子来看，一副弥勒佛的福态模样，大概很少有人会不喜欢它们。其实金线蛙的食量真的不小，堪称贪吃的大食客，只要是水里的昆虫或小动物，很难不引起金线蛙的食欲。

金线蛙最明显的特征就是贯穿全身的黄绿色背中线，眼睛后方的鼓膜也十分明显，显见听觉的重要性。金线蛙生性害羞机警，多半躲藏在水里，要看到它们并不容易，尤其是金线蛙喜爱的水泽区、农田，前者遭到严重破坏，后者则因农药等化学药剂受到污染，让金线蛙似乎越来越不容易看到。

许多生物学家都一再警告，两栖的蛙类是环境最好的指标生物之一，如果该生态环境的原有蛙类大幅减少，往往意味着生态环境平衡出了大问题。金线蛙的数量日减，是否正是来自大自然的警讯？我们实在应该多花些心思，让这些可爱的金线蛙重回台湾的水泽和种植茭白笋等作物的农田。

【建议延伸阅读：《台湾赏蛙记》P92～93】

金线蛙不一定都有黄绿色背中线，图为金线蛙幼体。

金线蛙生性害羞机警，多半躲藏在水里。

金线蛙最明显的特征就是贯穿全身的黄绿色背中线。

5月自然课堂

壁虎

壁虎是居家附近极为常见的小蜥蜴，台湾大概有9种之多，夜晚以捕食灯下的小昆虫为生，非常适应人类的居家环境，其中以北部的原尾蜥虎和中南部的疣尾蜥虎最为常见。

以前常有人说："北部的壁虎不会叫，中南部的壁虎才会叫"，其实它们原本就是两种不同的壁虎，自然习性也不同。喜爱炎热气候的疣尾蜥虎是台湾壁虎当中最爱叫的一种，不论白天或夜晚都会发出连续叫声，而北部的原尾蜥虎是不叫的。

家里常有年幼的壁虎闯入，只可惜发现时都已被猫咪玩得身首异处。壁虎的断尾求生伎俩对猫咪完全无效，反而更激起猫咪的狩猎天性，小小的壁虎怎经得起猫掌的玩弄，一场残酷的杀戮游戏往往很快就结束了。

有时人们会在屋外的墙壁上发现小壁虎，年幼的壁虎体色较白，甚至有点透明，加上两颗乌溜溜的大眼睛，模样颇惹人爱怜。只怕碰上杀手猫咪，这些爬墙高手就变得不堪一击了。

【建议延伸阅读：《台湾蜥蜴自然志》P60~65】

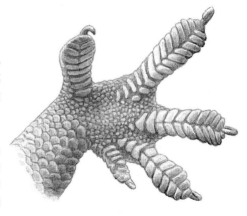

壁虎科蜥蜴的共同特征之一，是每一脚趾下方均有双排的趾下皮瓣，这个特殊构造吸附力极佳，让壁虎可以在垂直的空间来去自如。

原尾蜥虎是不会发出叫声的壁虎。

壁虎在休息的时候会选择攀爬在细枝条上躲避天敌。

会发出叫声的疣尾蜥虎平常躲在落叶堆里休息。

长约2.5毫米的小黑蚁，属于入侵型的蚂蚁，通常筑巢于屋外的土层中或干涸的水沟里，有时碰到下大雨，也会暂时将蚁巢迁至屋内。

5月自然课堂

住家的蚂蚁

长约2毫米的小黄家蚁，是最为普遍常见的居家蚂蚁种类，属于定居型的蚂蚁，多半筑巢于家中较为潮湿温暖的地方。

　　小小的蚂蚁，看似脆弱不堪，一根手指头就可以捏死几十只小蚂蚁，在许多人的心里，蚂蚁可能就是如此微不足道吧！但它们已经在地球上存活了数千万年，社会性的行为让蚂蚁成为优势生物之一，几乎各个角落都看得到它们，总数量简直就是天文数字，越了解蚂蚁，越知道那小小的身躯是不容小觑的。

　　台湾常见的居家蚂蚁不到十种，其中部分种类在有庭院的住家才看得到。它们要适应人类的居家环境，和一般野外的蚂蚁有些不同的特质，例如没有明显固定的蚁巢，可在裂缝或物品内筑巢；食性多为杂食性，较耐干燥。

　　想要观察家里的蚂蚁，最简单的方法就是拿着放大镜（20倍以上）观察蚂蚁的特征，同时其行进的路径和取食的行为也值得仔细观察。有趣的是，蚂蚁的体形可能实在太小了，根本无法引起猫咪的兴致，有时没吃完的猫咪饲料引来一大群蚂蚁，猫咪也一样视若无睹。

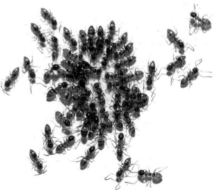

群聚的小黄家蚁。

小黄家蚁会沿着墙角寻找食物。

Lesson
40)

100 Lessons of
Urban Nature

5月自然课堂
螳螂

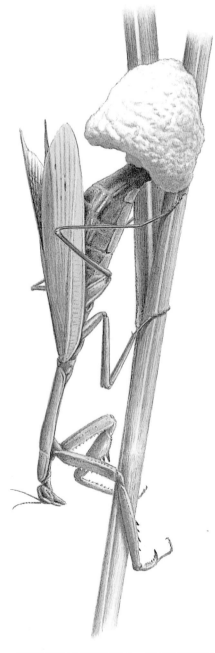

螳螂的外形让人印象深刻，倒三角形的脸配上一对超大的眼睛，表情凶狠却又带点滑稽的味道。镰刀状的粗壮前脚，一看就知道螳螂的肉食天性，不过它们不使用前脚时常合拢收于胸前，模样很像是在祈祷，也因此西方人喜欢称呼螳螂为"祈祷虫"，螳螂仿佛天使与魔鬼的化身，十分有趣。

螳螂的体形有大有小，但一般而言算是昆虫中的大个子，在小区里最常看到的多半是全身翠绿或褐色的种类，有时带狗散步途中就在马路上碰到螳螂，深怕它遭车子碾过，想要用狗将它驱离，谁知螳螂的脾气可不小，连狗都不怕，竖直身躯挥舞那双镰刀，有种"一夫当关，万夫莫敌"的气魄，真的好有趣，也印证了成语"螳臂当车"的真实性。

有一年清明节到家族墓扫墓，墓前的石狮子裂缝中涌出数以百计的小螳螂若虫，外表跟成虫几乎一模一样，好像透明的缩小版，就连前脚的镰刀都有。孵化后的螳螂若虫需要马上自食其力，由于若虫的数量很多，在食物不足的情况下，有时也会发生自相残杀的行为。

雌螳螂产卵时会倒悬于枝条上，然后满腹的卵粒连续产出，同时还分泌泡沫状胶状物质包覆卵粒。这些外层的胶状物质硬化后，会形成保护卵的卵鞘。不同的螳螂种类，都有特定形状的卵鞘。

螳螂产的卵鞘与空气接触干燥后会变成褐色。

螳螂是纯肉食性昆虫，有时也会发生同类相残的行为。雌螳螂在交尾的过程中，也可能将雄螳螂吃掉，但这种情形并不是每次一定发生，大概要视雌螳螂的饥饿程度而定。雌螳螂啃食雄螳螂时，往往一口把头吃掉，难怪雌螳螂会被视为昆虫中的"黑寡妇"。

螳螂一感觉危险，马上竖起身子准备发动镰刀攻击。

螳螂吃完东西之后，会用嘴巴仔细地清洁前肢。

5月自然课堂

海芋
的叶与果实

海芋的佛焰花
苞枯萎了。

海芋的穗状雌花，授粉后转
变成一颗颗果实，成熟后苞
片向下翻转，红艳的果实终
于裸露出来。

海芋的佛焰花苞是天南星科
的典型特征，众多的雄花和
雌花都小而不起眼，紧密排
列在肥大的花轴上，形成一
条肉穗花序。

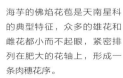

海芋是台湾低海拔山区的优势植物之一，硕大的绿色叶片，在潮湿阴暗的林下，强盛的生命力让人无法轻视，它们常常占据一大片领地，让其他植物毫无可趁之机。

早年还有人上山采收海芋的叶片，卖给猪肉商来包裹猪肉，当时塑料袋很昂贵，报纸也不普遍，海芋的叶片够大，就成了最好的包装材料。后来塑料袋大量生产，价格大幅滑落，很快取代了海芋叶片，如今再也看不到这种既环保又不制造垃圾的包装方式，殊为可惜。

初夏季节后，海芋的叶丛中开始冒出一根根绿色的佛焰苞花梗，因为同属绿色系，所以并不十分明显。直到成熟的红艳果实从苞片中露出，才让人有种惊艳的强烈感受，红配绿的色彩堪称视觉的飨宴，也很有热带植物的美感。

海芋的果实醒目耀眼，应该是鸟类或昆虫的食物之一，也曾看过蚂蚁在黏乎乎的果梗上爬行。过一段时间后，果实会一颗颗脱落，直到剩下光秃的果梗。

海芋的雄花和雌花紧密排列在肥大的花轴上。

海芋的汁液与块茎有毒，鲜红果实却是鸟喜爱的食物。

阴暗潮湿的野地常可看到成片的海芋。

初夏后，海芋的叶丛中开始冒出一根根绿色的花梗。

5月自然课堂

非洲
大蜗牛

非洲大蜗牛虽是雌雄同体的生物，但进行有性生殖时一样要交配，跟另一个个体交换精子，才能达到繁衍下一代的目的。交配行为在下过雨后的潮湿环境中较常看到，两只蜗牛缠绵悱恻，交缠许久才会分离。

非洲大蜗牛的体形硕大，几乎全台湾的中低海拔山区都看得到，从它的名字就可以知道，它的原产地是非洲东部的马达加斯加，早在"日治时代"由日本人从新加坡引进我国台湾。当初是为了食用的目的，只可惜台湾人并不喜欢非洲大蜗牛的味道，后来反而在野外落地生根，成为台湾最常见的蜗牛。

非洲大蜗牛的繁殖力惊人，加上适应力超强，扩张又快，反而压缩了许多原生蜗牛的生存空间。其食量很大，常危害农田、苗圃和果树，造成农业上的损失，可以说是许多外来生物的典型事例。这些生物在引进之后逸出，与原生动物竞争食物、栖息地等，而且缺乏相应的掠食动物，常导致不可收拾的后果。

非洲大蜗牛的行动缓慢，也常在小区的道路上闲逛，许多都成了车轮下的牺牲者。下雨过后仔细找找草丛，不难发现两只交缠得难分难舍的非洲大蜗牛，它们虽是雌雄同体的生物，但一样需要异体受精，才能繁衍下一代。

非洲大蜗牛据说是法国人最爱的美食之一，但尝过一次炒蜗牛肉，并不觉得特别美味，或许是烹饪的方式有所差别，不过非洲大蜗牛是广东管圆线虫的中间宿主，最好还是少吃为妙。

杂食性的非洲大蜗牛除了吃腐叶，也会啃食农作物。

非洲大蜗牛常常在雨后出现在路旁植物上觅食。

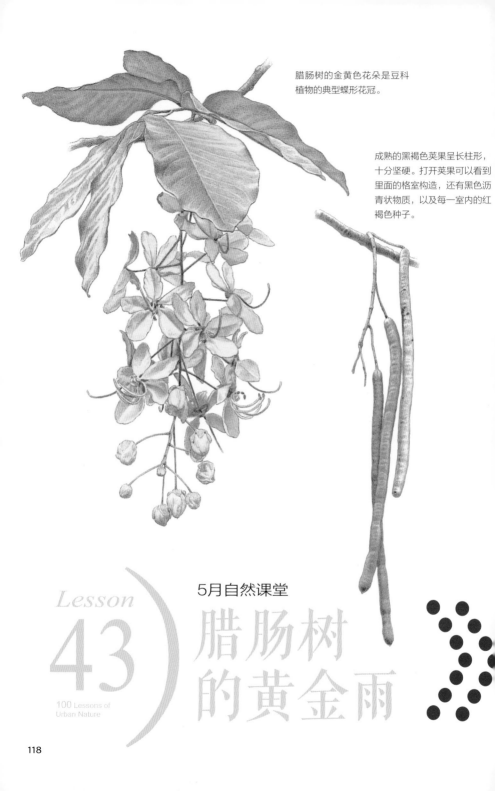

腊肠树的金黄色花朵是豆科
植物的典型蝶形花冠。

成熟的黑褐色荚果呈长柱形，
十分坚硬。打开荚果可以看到
里面的格室构造，还有黑色沥
青状物质，以及每一室内的红
褐色种子。

5月自然课堂

Lesson

43

100 Lessons of
Urban Nature

腊肠树
的黄金雨

118

腊肠树是我偏爱的树种之一，为的就是初夏时节满树金黄的"黄金雨"。黄金雨是腊肠树在西方国家的俗名，其实颇为贴切，把腊肠树的开花景致描绘得既生动又有美感，一串串下垂的长花穗挂满树梢，随风摆荡，看起来真像夏天午后的雨水，滋润树木也感动人心。

腊肠树是豆科植物，仔细看看每一朵小花，确实是豆科植物典型的蝶形花冠。有趣的是，柔美的黄色花朵在凋谢之后，竟会逐步转变成刚硬如树枝般的黑褐色荚果，两者仿佛毫无关联的长相，反而给人留下不可磨灭的印象。

长柱形的荚果倒垂在树上，一根根长约50厘米，相当醒目，荚果十分坚硬，不容易打开，敲开荚果可以看到里面有一格格的构造，每一格一粒红褐色种子，格状构造中还有黑色沥青状物质，应该是种子成熟前的保护机制。曾捡拾过掉落树下的成熟荚果，发现有小蛀洞，或许是想要搬运种子的昆虫留下的痕迹，大概是因为腊肠树的种子味甜可食，才需要这层层关卡好好保护。

【建议延伸阅读：《台湾种树大图鉴》下册 P86~87】

腊肠树的花有豆科植物典型的蝶形花冠。（黄丽锦摄）

黄金雨是腊肠树在西方国家的俗名。

腊肠树的长柱形荚果倒垂在树上，相当醒目。

119

6月 JUNE
自然课堂

100 Lessons of
Urban Nature

Lesson

44

100 Lessons of
Urban Nature

6月自然课堂

喜鹊临门

喜鹊的名字取得真好，大家一听就喜欢，还带点吉祥的意味。喜鹊全身黑白相间，配上蓝绿色的翅羽，外表确实讨喜。其实喜鹊并不是台湾原生的鸟类，大概是清朝康熙年间由官员带入，后来放生之后就自行繁衍，在台湾落地生根。

喜鹊对都市的人工环境似乎适应良好，不论是房子的屋顶或街灯、高塔上，都不难看到它们的身影。有一次在办公室的敦化南路旁的巷道，亲眼看到喜鹊飞过，它的体形不小，加上独特的黑白配色，肉眼即可清楚辨别。那一整天心情畅快无比，好像喜事即将临门似的，由此可知"先入为主"的想法是多么牢不可破，喜鹊的"喜"字让人看到它就开心不已，或许很多动物如果改一下名，境遇也会改善许多。

喜鹊喜欢在高大的树木或高塔上筑巢，多以树枝搭建而成。一般而言，喜鹊巢会沿用多年，每年只是稍加修补，使用多年的鸟巢往往越筑越高，形成壮观的大鸟巢。成语里的"鸠占鹊巢"，鸠是隼之类的猛禽，鹊就是喜鹊或乌鸦，喜鹊辛苦筑好的巢，有时会被猛禽占为己有，但在台湾是看不到这种现象的，大概喜鹊生活的环境多半在人类附近，猛禽是会敬而远之的。

忙着挑选树枝筑巢的喜鹊。

适应都市环境的喜鹊在台北的教堂十字架上筑巢。

喜鹊的巢十分巨大，它们每年都会修补，重复使用。

喜鹊在树丛中寻找果实果腹。

喜鹊常常站在都市的制高点俯瞰整个区域。

蜻蜓和豆娘最容易的分辨方式就是观察停栖时的翅膀，大部分豆娘停栖时会把翅膀合拢竖于胸部背侧，而蜻蜓的两对翅膀在身体两侧平展。

6月自然课堂

蜻蜓
与豆娘

蜻蜓的头部与豆娘明显不同，复眼虽然硕大发达，但两眼之间的距离远比豆娘小，有的科别的蜻蜓甚至左右复眼明显相连，形成浑圆的头部外观。

豆娘的头部长得像像哑铃，硕大的复眼很发达，长在头部两侧，左右眼相隔很远。

夏天到了，天空飞舞的昆虫多了，其中最讨人喜欢的大概就属蜻蜓和豆娘了。蜻蜓和豆娘的飞行方式常激发小孩的想象空间，就连小孩的玩具也少不了竹蜻蜓。炎热的夏天里，水边的蜻蜓和豆娘是最好的玩伴。

小区里家家户户大概都少不了养锦鲤的鱼池，自然常吸引许多蜻蜓和豆娘，不过每年的状况还是略有差别，大爆发的年份会看到漫天飞舞的红蜻蜓，堪称夏日最吸引人的景致。也常有超大体形的春蜓误闯入玻璃屋内，撞击声音一点都不输模型飞机。

成语里的"蜻蜓点水"说的可不是蜻蜓喝水的行为，而是清楚描述了蜻蜓的产卵行为。不过并不是所有的蜻蜓种类都是如此产卵，其中以蜻蜓科、春蜓科和大蜓科的种类最常以点水方式产卵，有的先将所有的卵排至尾端，然后点水让它们全部沉入水里，有的则采取连续点水方式，分次将卵排放至水中。也有的蜻蜓是将整团卵块直接空投到水里，连点水的步骤都省了，堪称一绝。

蜻蜓和豆娘的幼年阶段都少不了水，两者的稚虫都以捕食水里的昆虫或小节肢动物为食，其中蜻蜓的稚虫因体形较大，也会捕食蝌蚪或小鱼。

斑丽翅蜻的翅膀色彩特殊，因此被冠上蝴蝶蜻蜓之名。

晓褐蜻常出现在溪流、池塘等区域，此为雄性。

短腹幽蟌是在溪谷里常常可以见到的豆娘。

晓褐蜻雌雄色彩差异极大，此为雌性。

125

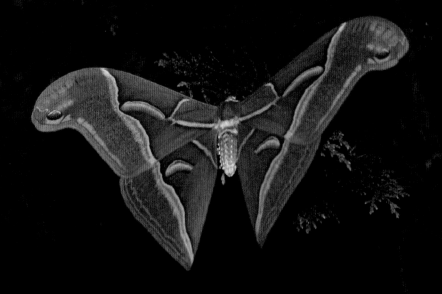

与皇蛾同为天蚕蛾家族的眉纹天蚕蛾。

Lesson

46)

100 Lessons of
Urban Nature

6月自然课堂

夜晚
的皇蛾

体形硕大的皇蛾（乌桕大蚕蛾）是天蚕蛾家族的一员，这个家族多半体形不小，小型的种类展翅宽度约10厘米以下，最大型的皇蛾可达20余厘米，是相当吸引人的夜行性昆虫。

遇见皇蛾多半是在白天散步途中，奄奄一息地躺在路旁，艳丽的外表让人很难忽视它的存在。有的翅膀已残破不堪，有的还是完整无缺，带回家后仔细欣赏它的外表，最吸引人的自然是前翅尖端的眼纹，乍看之下很像蛇的头部，不过令人疑惑的是，皇蛾或其他天蚕蛾都是标准的夜行性昆虫，在光线不佳的夜里，这样的眼纹到底可以发挥多少吓阻的功效，或者是在白天停栖时才会发挥保护的作用？

皇蛾的生态依然神秘，不过确知的是成虫多半栖息于树林内，成虫口器退化，是不会进食的，它们最大的使命便是交尾与产卵，通常繁衍任务达成之后，生命也随之终结。

皇蛾的前翅尖端有一个明显的眼纹，是最容易的辨识特征。这种眼纹向外突出，看似蛇类的头部，应可吓阻掠食动物侵犯的意图，因此又有人把皇蛾称为"蛇头蛾"。

皇蛾的幼虫有别于一般蛾类幼虫，模样十分特殊。

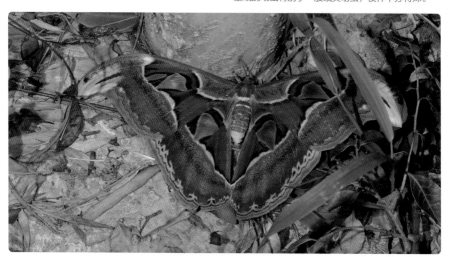

遇见皇蛾多半是在白天散步途中，奄奄一息地躺在路旁。（杨维晟摄）

Lesson 47

100 Lessons of
Urban Nature

6月自然课堂

金龟子
的回忆

　　20世纪60年代是我的童年阶段，那时台湾的自然环境破坏不大，就连台北都像现在的农村环境，当时小孩的玩乐大多是在户外呼朋引伴、自得其乐。女孩玩的大多是过家家，摘些野花、野草作为炒菜的材料，男孩子体力好又调皮，许多小动物不免沦为他们玩乐的对象。

　　金龟子大概是其中最倒霉的，它们的个头不小，加上闪闪发亮的金属光泽，自然很容易吸引小孩，而且金龟子的行动不算敏捷，很难逃得过小孩的魔掌。捉到的金龟子多半在后脚绑上一条长线，然后甩两圈，金龟子就会仓皇飞起，发出嗡嗡的声响。我想大多数四五年级的学生在童

年时多半玩过这种金龟子的放风筝游戏吧！这样的童年经历是难以磨灭的，只是被我们弄断脚、弃于一旁的金龟子实在很无辜。

　　金龟子出众的色彩和造型，常被比拟为甲虫中的活宝石。它们也是甲虫中的大家族，光是台湾就大约有500种以上，它们的生态也其趣各异，是非常值得认识的昆虫。不过最好不要再玩金龟子的放风筝游戏，以其飞行能力而言，确实会造成很大的压力，仓皇失措的金龟子其实只想逃离现场罢了。

【建议延伸阅读：《甲虫放大镜》及《台湾甲虫生态大图鉴》】

春末到秋天是东方白点花金龟出没的季节。

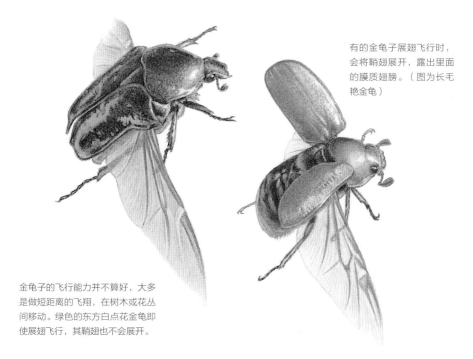

有的金龟子展翅飞行时，会将鞘翅展开，露出里面的膜质翅膀。（图为长毛艳金龟）

金龟子的飞行能力并不算好，大多是做短距离的飞翔，在树木或花丛间移动。绿色的东方白点花金龟即使展翅飞行，其鞘翅也不会展开。

在都市花园的落叶堆里偶尔可见到金龟子的幼虫。

金龟子出众的色彩和造型，酷似大自然里的活宝石。

东方白点花金龟也是都市里常见的金龟子。

耀眼的金龟子在物质不充裕的年代，成了孩子的玩具。

Lesson

48

100 Lessons of
Urban Nature

6月自然课堂
月桃

月桃果实完全成熟后会开裂，露出里
面蓝灰色的种子，种子即为仁丹的原
料，含在嘴里有冰凉的口感。

月桃的熟果全身通红，
外表有纵状的棱纹，十
分美观。

月桃的花期从5月一直延续到7、8月。

130

5月之后走在小区的路上，常见一串串月桃（密穗山姜）的花朵垂于路旁，是这个季节最美丽的主角之一。月桃是台湾低海拔山区的常见植物之一，长久以来也成了人们生活上的好伙伴，有人说月桃"浑身是宝"，几乎从头到脚都有用途。

月桃刚长出来的地下嫩茎，可代替嫩姜食用；月桃的叶鞘纤维韧性十足，以前的人将它晒干后，编制成草席或绳索；长长的叶片是包粽子的好材料，不输一般常用的箬叶；种子芳香，可制作仁丹；红艳的果串是插花的好材料，可维持两周以上；花朵除了观赏外，还可油炸食用。看来月桃浑身是宝，确实名不虚传。

月桃的花期从5月的晚春季节会一直延续到7、8月的仲夏，红白相间的花朵成串垂下，让人忍不住想摘回家，但其花茎十分强韧，不容易扯下，即使用剪刀剪下带回，花朵也极易凋谢，往往才一两天就只剩下光秃的花梗。

月桃的果实球形，未成熟前是绿色的，外观有许多纵棱，大小跟龙眼差不多，

转红之后十分美丽，然后会慢慢裂开，露出里面蓝灰色的种子。从花朵到果实、种子的过程具有很高的观赏性，下次碰到月桃花，不要急着带回家欣赏，留在原地，才会有更大的惊喜。

【建议延伸阅读：《台湾野花365天》春夏篇P184】

月桃红白相间的花朵成串垂下，十分美丽。

月桃的果实球形，成熟时呈橘红色。

中海拔的月桃花朵如火炬一般直立生长。

平时栖息在树上的翡翠树蛙在繁殖季
节，会到树下交配产卵。

Lesson
49)
100 Lessons of
Urban Nature

翡翠
树蛙

翡翠树蛙是台湾特有的蛙类，"翡翠"之名除了形容其翠绿的外表外，还有另一层含义，即最早的发现地点是位于台湾新北的翡翠水库。翡翠树蛙的分布局限在台湾的北部地区，如新北、宜兰和桃园等，数量不多，被列为保护动物。

　　翡翠树蛙的体形不小，大约有6厘米长，算是树蛙类的大个子了。白天多半躲藏在阔叶林的底层休息，鲜绿色的外表有很好的隐匿效果，不太可能发现它们的踪影。到了晚上，看到它们的机会就大得多，特别是下过雨或露水湿重的夜晚，经常出没于静水区域，尤其是果园、茶园或菜园里的蓄水池、水桶等，都有机会看到翡翠树蛙。

　　翡翠树蛙的雌蛙产卵时，会一边分泌黏液，一边用力踢后脚，与空气混合成白色泡沫，以形成保护卵及精液的卵泡块，这种卵泡块多半黏附于静水区域的边缘，经十余天后孵化出数以百计的小蝌蚪，就直接掉入静水中生活。

【建议延伸阅读：《台湾赏蛙记》P100~101】

金黄色的眼线与金色虹膜是翡翠树蛙的辨识特征。

翡翠树蛙平常都栖息在灌木上。

翡翠树蛙将卵泡挂在靠近水边的树上，以便蛙卵孵化。

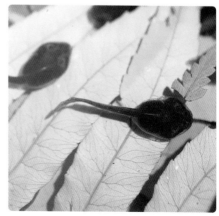

从卵泡孵化后落到水中的翡翠树蛙蝌蚪。

6月自然课堂

台湾龙蜥

台湾龙蜥的典型威吓行为，宛如"伏地挺身"的动作，先是口部微张，然后才挺直身躯。

突然低伏身躯，以达到吓阻敌人的目的。如果无法遏阻敌人靠近，雄蜥将进一步张开头上的鬣鳞以及喉部的喉垂，使其体形看起来更庞大吓人。

台湾龙蜥良好的保护色让它不容易被发现。

正在蜕皮的台湾龙蜥幼体。

台湾龙蜥给人的第一印象，宛如远古时代的小恐龙，被遗忘在阔叶树林里。台湾龙蜥是台湾特有的蜥蜴，体形是龙蜥类当中最大的，也是数量最多、分布最广泛的种类。它们的踪影从平地到海拔1500米以下的树林都有，对人工环境也适应良好，一般公园、校园或绿地都不难发现它们。

在我居住的小区里，台湾龙蜥也经常可见，雄蜥身体侧面明显的黄斑条纹是最容易辨别的特征。天气好的日子，常看到它们大刺刺地躺在树干上晒太阳，有时更直接跑到晒得热热的柏油路上，让人为它们捏一把冷汗，一不注意又会沦为轮下冤魂。

有时走在步道上，常被台湾龙蜥吓个正着，它逃窜的动作夸张而粗鲁，就连一向温驯的哈士奇犬"太郎"都被搞得兴奋过头，以为是大猎物当前，机不可失。其实台湾龙蜥最有趣的行为莫过于"伏地挺身"，这是它们典型的威吓动作，尤其雄蜥头部又有明显竖起的鬣鳞，加上膨大的喉垂，模样更吓人，这种伎俩有某种程度的吓阻作用，先是缓兵之计，然后逃之夭夭。

【建议延伸阅读：《台湾蜥蜴自然志》P113~115】

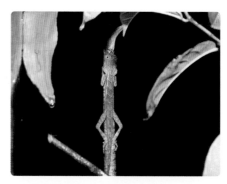

日行性的台湾龙蜥晚上直接攀着树枝睡觉。

琉球龙蜥也是低海拔十分常见的攀蜥，分布十分广泛。

6月自然课堂
榕果满树

♂

♀   2mm

负责隐花果授粉作业的榕小蜂。上方体形较小的雄蜂尾端伸出的是交尾构造，下则为腹部膨大的雌蜂。

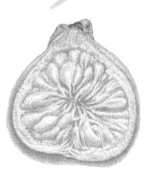

榕树的果实为典型的隐花果，直径约5毫米，剖开果实可清楚看到内部多数的小花。

雌的拟寄生蜂，可能寄生在榕小蜂上，一样在榕果里孵化出来。

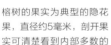

├── 1.2mm ──┤

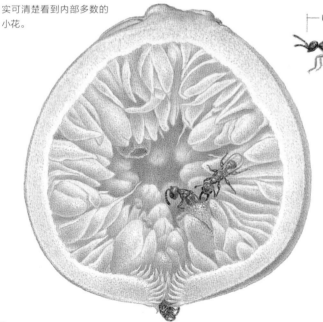

隐花果和榕小蜂之间的奇妙共生关系。以下现象是绘者林松霖的第一手观察数据，与一般书中描述的过程略有出入，值得进一步探讨。隐花果内，雄的榕小蜂首先孵化，再以大颚咬破雌小蜂的虫瘿外壳，两者完成交尾后，雌小蜂由小孔钻出，以寻找新的榕果产卵。

榕树是常绿大乔木，是台湾普遍栽植的树种，不仅到处可见，如行道树、公园或校园都大量栽植，就连百年老树也少不了榕树。老态龙钟的榕树，姿态好看，加上满树随风飘扬的气生须根，更显仙风道骨，尤其台湾人总觉得老树有灵，树下常见供奉土地公的小庙，是极富台湾味的景致。

榕树除了人见人爱之外，它们也是野鸟喜爱光临的食堂之一，结得满树的榕果更是许多野鸟少不了的重要食物来源。榕果虽小，但因数量极多，鸟类依然可以大快朵颐，而且吃完后野鸟还会回馈榕树一瓢之饮的恩情，为榕树到处散播种子。种子经过鸟类的消化道后，发芽率变得奇高，因此到处可见小小榕树苗，或许这也是榕树如此普遍的重要因素之一。

榕果是典型的隐花果，隐头花序的膨大花托位于果实内部，小小的花朵就藏在花托里，所以一般看不到榕树开花。隐头花序的顶端是雄花，底部则是雌花和不孕性的虫瘿花，由榕小蜂负责帮忙授粉，以虫瘿花引诱榕小蜂进入果中产卵，两相得利，榕果可以顺利授粉，而榕小蜂则为下一代找到舒适的窝。

【建议延伸阅读：《台湾种树大图鉴》上册 P100~101】

榕树是常绿大乔木，是台湾普遍栽植的树种。

笔管榕从树干长出的果实刚开始是绿色的。

象耳榕会结出硕大的榕果。

红彤彤的成熟笔管榕果实是许多野鸟的食物。

6月自然课堂

中杜鹃的
巢寄生行为

中杜鹃又名"筒鸟"，在台湾是相当普遍的夏候鸟，每年3月到9月都有机会听到其特殊的叫声，有点类似透过竹筒发出的声音——以短促两音节重复数十次的"布布、布布"。每回听到中杜鹃的叫声，就知道炎热的夏天已经快到了。

中杜鹃多半单独行动，喜欢停留在制高点鸣叫，声音常传得又远又长，但要亲眼看到它们并不容易。其羽色十分特殊，第一眼会以为是一种小型的猛禽，如腹部有明显的暗色横纹，腰及尾上覆羽都有横纹，乍看之下真的很像猛禽。羽色的特化其实也是配合其寄生性的行为，中杜鹃的繁殖是不自行筑巢，而是找其他鸟巢下手，当它飞行时很容易让其他鸟类误以为是猛禽来袭，往往仓皇而逃，于是给了中杜鹃最好的机会。

中杜鹃找到适当的鸟巢后，会先吃掉一颗蛋，再于巢内产下一颗颜色相近但体积较大的鸟蛋，交由别的亲鸟代为孵蛋。有趣的是，中杜鹃的幼雏一定率先孵出，眼睛尚未睁开就知道为生存而战，以背部的力量将巢内的鸟蛋一一拱出，如此才能确保独占所有亲鸟喂雏的资源。中杜鹃的巢寄生行为可说是自然界中算计清楚的利己策略，环环相扣，精确无比，让人叹为观止。

中杜鹃是巢寄生性的鸟类，其羽色看起来很像小型的猛禽，飞行时很容易惊起小鸟，因而可顺利找到寄主鸟类的巢。中杜鹃在台湾多半将卵产于纯色山鹪莺、黄腹山鹪莺或其他小型鹪莺类的鸟巢。通常中杜鹃的卵会率先孵化，幼雏的本能反应是将巢中的其他鸟蛋拱出巢外，以独占寄主亲鸟的所有育雏资源。

（吴尊贤摄）

Lesson

Lesson

53

100 Lessons of
Urban Nature

6月自然课堂

凤眼莲

凤眼莲又名布袋莲，在大陆又叫水葫芦，原生于南美洲的巴西，因为极富观赏价值，现在几乎遍布全世界的热带淡水水域，是水生植物当中的优势物种之一，台湾地区早在日据时代即已引进栽培，当初也是作为观赏性的水生植物。

凤眼莲的叶柄膨大为纺锤状或囊状，里面充满空气，让凤眼莲植株可以漂浮在水面上，而从6月到10月之间一串串紫蓝色的花朵从叶柄基部伸出，既醒目又别致。凤眼莲除了观赏性外，全株也可作为家禽的饲料，同时也可监测水质的变化，净化重金属类的污染物质，因此许多地区均有大量栽植。

不过不容忽视的是，凤眼莲具有强烈的侵略性，其匍匐茎的生长非常快速，一旦与母株分离，马上长成新的植株，因此凤眼莲可以在极短的时间内占据新的水域，还会阻塞出水口而造成洪涝等灾害，同时也会排挤许多原生水生植物的生存空间，对水域生态的影响极为深远。凤眼莲引入台湾，是一个活生生的生态教材；如果只以人类的单一观点作为判断的标准，可能会酿成不可收拾的后果。

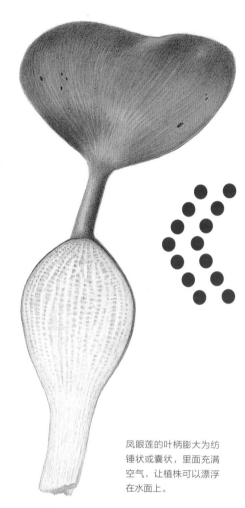

凤眼莲的叶柄膨大为纺锤状或囊状，里面充满空气，让植株可以漂浮在水面上。

凤眼莲因花瓣上有一个黄斑而得名。

凤眼莲是漂浮在水面上生长的外来种水生植物。

6月自然课堂

福寿螺

福寿螺正在啃食水生植物，会破坏水稻生长，许多农人对外来种的它束手无策。

福寿螺的外形圆圆滚滚的，又名金宝螺，然而虽名字吉祥如意，却成为农民的心头大患，恨不得除之而后快。

福寿螺属于苹果螺科的一员，这一科淡水螺类大多体形不小，外壳近乎圆球形，以水生植物为食，喜爱生活于水池或河川。福寿螺原产于阿根廷，20世纪80年代引入台湾，非常适应台湾的水田环境，大量滋生，变成稻田的主要危害。

我曾造访过在大屯溪旁以自然农法自耕自足的黎旭瀛医师夫妇，黎医师提及种植水稻的种种珍贵经验，其中有关福寿螺的部分让人印象深刻。福寿螺一直是水稻田难以解决的祸害，但黎医师以水田水位高低控制，精确配合水稻的生长节奏，让福寿螺既可清理水田里的杂草，又不致危害水稻的生长。黎医师表示他还要持续观察几年才能获得比较明确的结果，但这样的耕作方式确实让人期待，应用自然生态的错综复杂关系，一样可以获得人类所需的农业成果，却对环境友善，而且不会遗害土壤。

福寿螺在水田中生活与产卵，常可看到成堆的粉红色卵黏附于水稻或其他水生植物的茎秆上。福寿螺的繁殖力惊人，数量极多，已成为台湾稻田的重要危害。

福寿螺是农人的头号敌人，常可看到被丢弃在田埂上。

福寿螺将卵产在植物茎上，相当显眼。

143

凤凰木的花为顶生的总状花序，花瓣鲜红，其中一片花瓣有斑点及黄色斑块，可能有指引蜜源的作用，雄蕊多数。

6月自然课堂

凤凰
花开

凤凰木的木质荚果呈扁平弯刀状，成熟时为褐色。

144

凤凰木原产于非洲至东南亚一带的热带地区，由于盛花期六七月刚好是学校的毕业季节，就成为高唱骊歌的最佳代表。

凤凰木的树形极美，呈开展的伞形，又有优异的遮荫效果，而羽状复叶的质感轻柔，随风摇曳，为炎炎夏日带来几许凉意。凤凰木是典型的热带植物，越是暖热的天气，花开得越灿烂，因此台湾也以中南部的凤凰木最为美丽。上了年纪的凤凰木除了有壮观的树冠之外，树干基部也会有发达的板根，更增美观。

以前住的新店老家一出巷口，对面的空地上就有一棵老凤凰木，从其老态龙钟的姿态看来，至少已经七八十岁，它的树冠横跨马路，即使是夏天的正午走过，树下依然一派清凉。

从高中一直到十余年前搬到山上小区，这棵老凤凰木早已成为生活中不可或缺的朋友，也习惯每年看着它开满红花，然后秋冬时分挂满弯刀般的荚果。谁知与世无争的老凤凰木竟然也会大祸临头，原本杂草丛生的空地因土地变更而成为购物中心预定地，于是屹立几十寒暑的老凤凰木也被一并清除。

听到消息后回到旧居一看，只剩下孤零零的树头和一些残枝落叶，真的心痛极了，捡起掉落地上的荚果，留下一丝老凤凰木的痕迹，但它的美丽身影将永远烙印在我的心里。

【建议延伸阅读：《台湾赏树情报》】

凤凰木盛花期是毕业季节，让很多人有深刻的印象。

凤凰木火红的花朵是夏日的色彩。

凤凰木在秋冬时分挂满弯刀般的荚果。

7月 JULY
自然课堂
100 Lessons of
Urban Nature

7月自然课堂

诸罗
树蛙

台湾特有的诸罗树蛙是中型的绿色树蛙，分布有限，目前只在农业发达的台湾云嘉南地带有发现记录，喜爱生活于农垦区，特别是竹林、果园或低洼积水区，这些地方都比较容易听到它们的声音。

　　诸罗树蛙多半在春雨季节开始后才会出现，繁殖季一般在6至9月间，特别是下过雷阵雨的夏夜里，诸罗树蛙似乎特别活跃。诸罗树蛙很少单独行动，出现时都是以区域族群为单位，不发现则已，有时一发现踪迹，在一片竹林里就可找到数量庞大的族群。

　　诸罗树蛙的雄蛙喜欢爬到植物的高处鸣叫，以吸引雌蛙接近。找到雌蛙后，雌蛙会带着雄蛙来到落叶堆的水洼湿地，产下白色卵泡，约经过两周即可孵化为蝌蚪，雨水再将蝌蚪带入水里。

　　体色翠绿的诸罗树蛙的侧边从嘴唇一直延伸到股间有一条白线，是它最容易辨识的特征之一。

【建议延伸阅读：《台湾赏蛙记》P124~125】

诸罗树蛙的雌蛙比雄蛙体形大，也在树上等待情郎。

两只雄诸罗树蛙在高声鸣叫后，针锋相对地推挤。

诸罗树蛙在繁殖季会来到竹林积水处求偶产卵。

诸罗树蛙平常栖息在竹林中。

149

7月自然课堂
凤头鹰

凤头鹰的胸部白色，有红褐色纵斑，腹部则密布红褐色横斑。盘旋飞行时可清楚看到双翼的斑纹，以及延伸至腰部的白色尾下覆羽。

一对凤头鹰，左为雄鸟，右为雌鸟。

凤头鹰又叫作"粉鸟鹰"（闽南语），这相当生动地描绘出凤头鹰的捕食天性，大如鸽子（粉鸟）的鸟类往往也难逃其魔掌。凤头鹰的体形在猛禽当中大概只能算中型，但其飞行能力卓越，尤其是快速俯冲的绝技，以及尾部的灵活控制能力，让它们成为名副其实的"树林杀手"。

凤头鹰喜欢在森林活动，多半会沿着林缘地带飞行寻觅捕食的对象，停栖时则选择隐秘但视线良好的树枝上，一般不容易发现它的存在。

凤头鹰的菜单包括小型鸟类、鼠类、蛙类、蜥蜴或大型昆虫等，还有一些大型鸟的雏鸟，如台湾蓝鹊、灰树鹊或大嘴乌鸦等，鸟巢一旦被凤头鹰盯上，雏鸟的存活率将大幅下降。

在一次偶发的状况下，一只凤头鹰一头撞上邻居家的玻璃屋，当场折断颈椎身亡，邻居打电话问我要不要，身为猛禽迷的我当然求之不得。于是送到动物标本的制作者祁伟廉医生处，请他帮我制成标本。如今这只栩栩如生的凤头鹰还在书房的窗前翱翔天际。

还有一次在回家的路上，小区巴士沿着山路缓缓前行，我坐在司机旁的前座，猛然间车前闪过凤头鹰的身影，嘴里叼着一只青蛙，高速飞行之际差点撞上车子，幸而它马上拉高往上飞，刚好闪过巴士。这次的奇遇也让我对凤头鹰更加着迷。看来新店这一带的低海拔树林，凤头鹰的现状应该相当不错，才能一再与它们邂逅。

【建议延伸阅读：《野鸟放大镜》食衣篇和住行篇】

交配中的凤头鹰（上雄，下雌）。

凤头鹰的幼雏体形很大，食量惊人。

黄昏时分，正在享用蛇大餐的凤头鹰。

凤头鹰腰部的白色尾下覆羽是它的重要特征。

独角仙和锹甲的雌虫交尾之后，会陆续在朽木或腐殖土中产卵，卵粒在1至2周内会孵化成幼虫，幼虫以啃食木屑为食。

独角仙和锹甲的末龄幼虫是幼虫生活史当中最长的阶段，肥厚的身躯已经准备妥当，即将迈入下一个化蛹期阶段。

7月自然课堂

独角仙与锹甲

独角仙的雄虫有特化的犄角，锹甲雄虫则有强壮的大颚，两虫相遇有如相扑比赛的激烈对决，落居下风的锹甲难逃被独角仙犄角顶走的屈辱。

对于昆虫迷而言，独角仙与锹甲一定在必养的虫虫名单上，由于繁殖、饲养容易，加上深受欢迎，现已成为完全商业化的产品，连它们吃的食物也像猫狗饲料一样，有现成的果冻制品可买，让许多小朋友更是趋之若鹜，养得不亦乐乎。

其实独角仙与锹甲是台湾相当常见的甲虫，只不过先决条件是要有树林的环境，一般平地的都市住宅很难看到它们。以我住的新店山区为例，每年夏天一定看得到它们，只是数量多寡的差别而已。

独角仙的外形得天独厚，那雄壮威武的犄角，宛如铁甲武士般的造型，让人看了不爱也难。其实独角仙的雄虫在短促的一生当中，最重要的任务就是找到雌虫，顺利交尾产下下一代，而交尾的前提就是要打败所有的竞争对手，特化的犄角便是雄虫角逐大赛的最佳武器。不论是战胜或失败的独角仙雄虫，短暂的夏日是它们唯一的舞台，随着日照时间的缩短，它们也步上生命的尽头。我常在路旁捡到奄奄一息的独角仙，将它们带回家安置在昆虫箱内，用苹果喂食，让它们在生命的最后阶段可以稍稍享受喘息一下。生命终结之后，就将它们移至干燥箱内，一只只独角仙标本提醒着每年美好的夏日时光。

锹甲一样常见，而且种类更多，但可能是外形跟独角仙相较之下平淡许多，所以从来不曾动过饲养的念头，只在树下看看就满足了。小区里有许多构树，夏天的结果期必然吸引许多锹甲群聚，多汁美味的构树果实是自然的恩赐，让锹甲可以度过一个丰厚的夏天。

【建议延伸阅读：《甲虫放大镜》及《台湾甲虫生态大图鉴》】

独角仙栖息在都市近郊的山区，不难看到它的踪迹。

独角仙的雄虫有特化的犄角，让它看起来雄壮威武。

锹甲受到美味果实吸引，大快朵颐。

7月自然课堂

竹叶青
与翠青蛇

对于蛇类，心里的恐惧难以克服，或许是身为哺乳动物的远古记忆使然，我对蛇总是敬而远之。但住在山上小区是我们侵入了蛇的生活领域，无可避免地与蛇打照面也成为家常便饭。

可怜的是，看到的蛇大多已惨死轮下，被车子轧得扁扁的。蛇是变温动物，特别喜欢温暖的地方，夏天的太阳把柏油马路晒得滚烫，到了晚上路面变得温暖，于是许多夜行性的蛇都喜欢到马路上闲逛，一不小心就被路过的车子碾毙。每年夏天这样的悲剧总是不停地在小区道路上演。

昼行性的翠青蛇是唯一让我觉得不具威胁性的蛇类，甚至还认为全身翠绿的它们是非常美丽的生物。只不过翠青蛇的长相和大家闻之色变的竹叶青有点类似，在恐惧的强化下，翠青蛇常成为竹叶青的替罪羔羊。其实翠青蛇的性情温顺，完全没有毒性，也没有攻击性，以蚯蚓和昆虫的幼虫为食，喜欢在白天活动，所以碰到的机会很多。有一次下午散步时，刚好碰到一条翠青蛇正在横越马路，闪闪发亮的翠绿身躯，比宝石还美。怕它碰到来车，于是我停下脚步，隔着一段距离帮它看有无过往车

辆，谁知它也警戒地停下来，一动也不动。当时心里真是着急，万一车子来了就糟糕了，我又不敢向前驱赶它，幸而只僵持了一会儿，它终于决定继续前行，很快钻进草丛中。

竹叶青虽然恶名昭彰，但夜行性的它们多在树林的枝条上活动，即使攻击性再强，我们也很少有机会碰上它们。希望翠青蛇不要再背负着竹叶青的原罪，而成为人类恐惧心作祟下的冤死者。

福建竹叶青有一双红色慑人的眼睛。

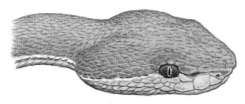

福建竹叶青的头部呈三角形，眼睛和尾端为红色，瞳孔垂直，和翠青蛇的外观完全不同。

福建竹叶青常常捕捉蛙类为食。

翠青蛇一身翠绿，就连尾部也不例外，瞳孔圆形，外表温顺美丽。

福建竹叶青常以这种姿势一连多天在草丛中等待猎物。

翠青蛇的头部椭圆，体侧无白线，尾巴也是青色。

7月自然课堂

长喙天蛾

长喙天蛾的飞行方式乍看之下与蜂鸟极为类似，也难怪常有人将它们误认为是蜂鸟。

蜂鸟是美洲大陆才有的鸟类，体形虽小，但飞行能力卓越，吸食花蜜时常采取定点飞行方式，与直升机的飞行有异曲同工之妙。

长喙天蛾会一边拍翅飞行，一边伸长口器吸食花蜜。

第一次看到长喙天蛾，大概是在十余年前刚搬到山上小区，每年夏天的傍晚在花园里浇水，就看到一只只小小的"直升机"，定在花丛前吸食花蜜，乍看之下，会误以为是蜂鸟在吸食花蜜，但我也知道蜂鸟是美洲大陆才有的生物，怎么可能跑到台湾？仔细一瞧，才看出是一只只全身毛茸茸的蛾，正伸出特长的口器在吸食花蜜。

长喙天蛾特别喜欢在清晨或黄昏时访花，只要注意季节和时间，在花丛前不难发现它们的踪影。长喙天蛾吸食花蜜时，并不像一般访花的昆虫直接停栖在花朵上，而是灵活地协调前后翅的振动，在空中定点短暂停留，然后伸出长长的口器吸食花蜜。最有趣的是，长喙天蛾在空中还能前后左右移动位置，完全不需转身，这种定点飞行的能力足以媲美蜂鸟。也难怪许多第一次看到长喙天蛾的人，总是惊呼它们为蜂鸟。

长喙天蛾吸食花蜜时，会灵活地协调前后翅的振动，在空中定点短暂停留，然后伸出长长的口器吸食花蜜。

7月自然课堂
赏莲
季节

荷花的叶片为挺水性，花朵中央有膨大的莲蓬状子房构造。睡莲的叶片为浮水性，花朵中央为多数雄蕊。

夏天是欣赏水生植物的好季节，一方面水有清凉消暑的功效，再加上绿油油的植物，总有种透心凉的快感。其中最受人们欢迎的自然就属荷花（又称莲花）和睡莲，如台北植物园里的荷花池和大规模栽培和推广荷花的台南白河，都成为赏莲季节的热门主角。

睡莲花朵的中心多数为雄蕊。

荷花和睡莲其实是不同科的植物，只因外观神似，于是大家都把它们混为一谈。荷花和睡莲最容易区别的特征之一，是叶片的挺水性和浮水性：荷花的叶子高高挺出水面，随风摇曳生姿，煞是美丽；睡莲的叶片则漂浮在水面，一片片平贴着水平面，和荷花完全不同。

睡莲花形、花朵色彩非常多变，是普遍的园艺植物。

仔细看看两者的花朵也有很大的差别，睡莲花朵的中心为多数雄蕊，而荷花的中心则有一莲蓬状的子房构造，即日后荷花凋谢后结出莲子的部位。同时荷花还有发达肥厚的地下茎，也就是我们经常食用的莲藕。荷花几乎全身都是宝，只是它的部位几乎都冠以"莲"之名，以莲花称呼它们比较妥当，但又很容易跟观赏用的睡莲混为一谈。无论如何，趁着赏莲季节的到来，不妨好好欣赏一下荷花和睡莲之美，也不要忘了享用莲花大餐。

睡莲叶片平贴着水平面生长，和挺水的荷花完全不同。

台北植物园里著名的荷花池是欣赏荷花的好地方。

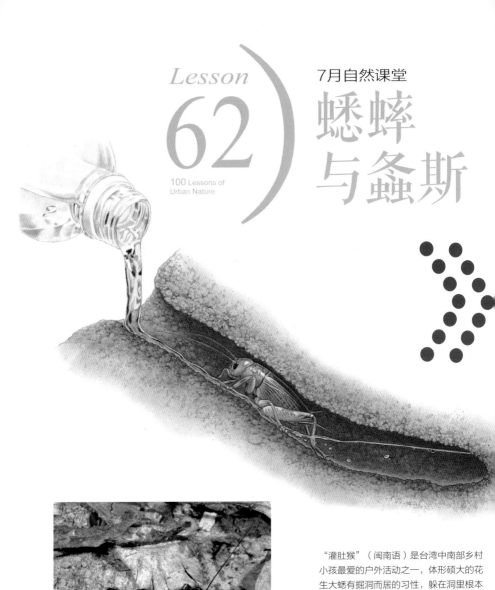

7月自然课堂

蟋蟀
与螽斯

"灌肚猴"（闽南语）是台湾中南部乡村小孩最爱的户外活动之一，体形硕大的花生大蟋有掘洞而居的习性，躲在洞里根本捉不到，于是聪明的孩子就用水灌注到洞里，花生大蟋受不了跑到洞口，就可以手到擒来。

夏夜里的蟋蟀鸣声，是人类对自然的乡愁。

夏天的夜里，户外比室内凉爽，如果再加上徐徐凉风，真的让人不想回到屋里。每次带着狗在小区里漫步，草丛或树林总不时传来各式各样的虫鸣，虽然夜里视线不佳，很难验明正身，但鸣虫的声音已是无上的享受，让人暑气全消。

台湾的鸣虫种类很多，其中以直翅目的蟋蟀和螽斯居多，有人称它们是大自然的弦乐家，倒是颇为贴切。

蟋蟀和螽斯的声音是由左右前翅相互摩擦而发出的，大多是为了求偶、争地盘或警戒等目的，毕竟它们活动的时间都在晚上，不借助声音是很难找到另一半的。

每一种鸣虫发出的鸣声都有独特的声谱和频率，只是很难用言语清楚描绘这些鸣声的特色，不过夏夜里蟋蟀和螽斯的声音早已是生活里不可分割的部分。

台湾中南部乡下可能蟋蟀很多，有些地方的乡土食谱甚至还有炸蟋蟀这一道菜。闽南语里有一句"灌肚猴"，是用来形容喝水喝得又急又狼狈的模样，后来才知道原来这句话的源起是指用水灌注蟋蟀的洞，然后守株待兔就可以捉到跑出来的花生大蟋。生活在台北的孩子大概很难有机会体验"灌肚猴"的乐趣，有机会到中南部一游，不妨一试。

【建议延伸阅读：《鸣虫音乐国》与《瓶罐蟋蟀》】

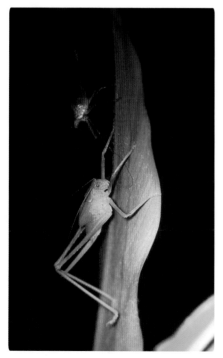

螽斯蜕皮的过程在夜间才可以观察得到。

纺织娘嘈杂的叫声在夏夜里令人十分难忘。

双叶拟黑缘螽也是常见的夜行昆虫。

161

菜粉蝶喜欢在十字花科的植株上，以一次一颗的方式产卵。

菜粉蝶的蛹（长约18毫米）。

菜粉蝶的一龄幼虫（长约5毫米）。

菜粉蝶的二龄幼虫（长约15毫米）与末龄幼虫（长约30毫米）常将青菜的叶片吃得只剩下叶脉，是标准的大胃王。

Lesson

63

100 Lessons of
Urban Nature

7月自然课堂

菜园里
的菜粉蝶

化蛹而出的菜粉蝶成虫，属小型粉蝶。

菜粉蝶是台湾最常见的蝴蝶，尤其喜爱在十字花科的蔬菜上产卵，所以大多出现在菜园里。虽然菜粉蝶的外表淡雅秀丽，但种菜的农夫一点都不喜欢看到它们，因为它们专挑卷心菜、小白菜等叶菜类产卵，一旦孵化出绿色的幼虫，这些可怕的大胃王会不停地啃食叶片，直到剩下叶脉为止。在幼虫的四次蜕皮过程里，它们不停地吃，到化蛹之后才停止，而那些被菜粉蝶寄生的叶菜类，早已被啃食得体无完肤，根本没有贩卖的价值。

被菜粉蝶寄生的叶菜类，常遭啃食得体无完肤。

菜粉蝶虽是十字花科叶菜类的大害虫，但对于油菜的授粉是不可或缺的虫媒，油菜的花朵经过菜粉蝶造访，才能顺利结出可供榨油的种子。

想要在家里观察菜粉蝶的完整生活史，其实一点都不难，只要在有日照的阳台或花园，用盆子栽种小白菜，不久就会看到菜粉蝶造访，接下来就可以看到菜粉蝶从卵、幼虫、蛹到成虫的完整过程。

菜粉蝶是台湾最常见的蝴蝶。

四处访花的菜粉蝶。

64

7月自然课堂

蝗虫

棉蝗的体形在蝗虫当中
是数一数二的，发达的
后腿是跳跃的利器。

棉蝗的主要食物是植物，而且大多不挑食，什么植物都可以吃。

蝗虫俗称蚱蜢，是相当常见的昆虫，也是许多小孩最喜欢的昆虫之一。不论是哪一种蝗虫，它们的共同特征就是那一对发达的后腿，显见其跳跃能力十分优越。

蝗虫的主要食物是植物，而且大多不挑食，什么植物都可以吃，蝗虫发达的大颚方便它们啃食植物的叶片。蝗虫大多在植物上活动，它们的体色几乎清一色是绿色系或褐色系，可以发挥很好的保护色效果，不仔细找，根本看不到它们。

山上小区有很多蝗虫，有时走过草丛，就可看到许多蝗虫和蟋蟀急急忙忙四处窜逃。其中最引人注目的是鲜绿色的棉蝗，其体形硕大，算得上是蝗虫里的巨无霸，不管是在五节芒或其他植物身上，远远就可以看到它们。棉蝗的胆子很大，不像其他蝗虫，只要有人影就四处乱窜。台湾大蝗多半会静观其变，除非真的感受到威胁才会一跃而去。棉蝗是许多鸟类喜爱的食物之一，我曾经多次目睹红隼定点高挂天空，活像个风筝般随风摆动，直到它锁定猎物之后，才会快速俯冲而下，通常是手到擒来，而棉蝗往往就沦为红隼的盘中餐了。

正在交配中的棉蝗。

棉蝗的头部特写。

正在交配中的瘤喉蝗。

8月 AUGUST
自然课堂
100 Lessons of
Urban Nature

Lesson

65

100 Lessons of Urban Nature

8月自然课堂

姜花

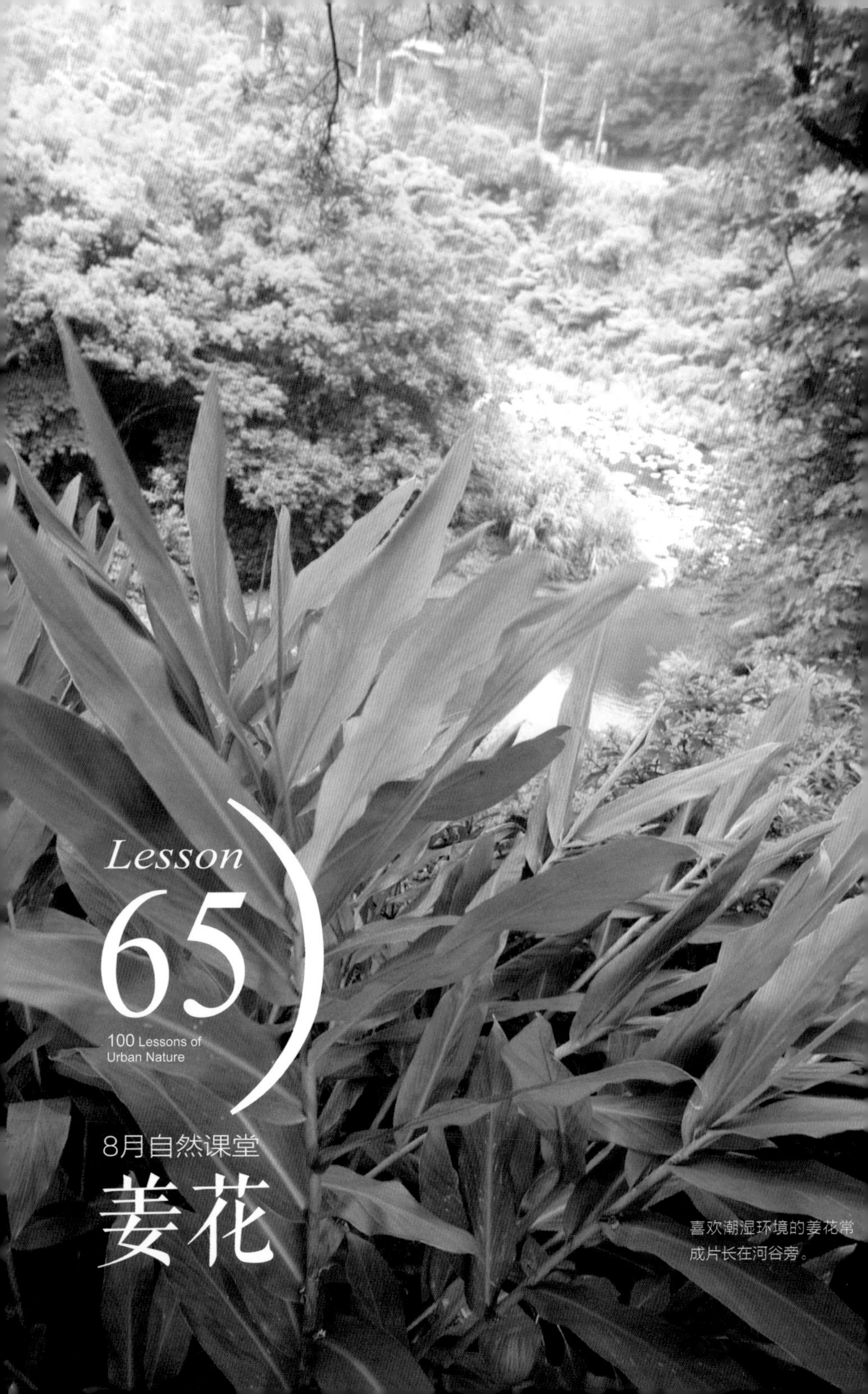

喜欢潮湿环境的姜花常成片长在河谷旁。

花朵洁白如雪的姜花是台湾夏天常见的野花，在低海拔山区经常成片生长在水边，它的花朵硕大，最难能可贵的是还带有优雅迷人的香气，花形酷似停栖在绿叶上的白蝴蝶，所以又名"蝴蝶姜"。

姜花的花期很长，春天快要结束时开始绽放，然后一直开到初冬，是欣赏期超长的野花。其块状地下茎蔓延生长快速，常一大片长在阴湿的沟渠或步道旁。有时家里刚好要请人吃饭，就到步道旁摘些新鲜的姜花，有些放在漂亮的水杯里，有些则作为盘边的装饰品，屋里充满了姜花浓郁的香气，是台湾夏天最美的体验，它总是可以让宾主尽欢。

以前做杂志采访工作时，曾做过花食的特别报道，其中一位老师示范了姜花的烹饪，让我印象最深的是将姜花花朵油炸成日式的天妇罗，吃在嘴里满口芳香，那种香气一生难忘。或许是当时的感官震撼过于深刻，日后即使每年夏天都有姜花盛放，但我从未尝试拿来做菜，深怕毁了那美好的味觉和嗅觉记忆，曾经尝过一次已是心满意足。

姜花的花期很长，春末开始绽放，一直开到初冬。

【建议延伸阅读：《台湾野花365天》秋冬篇P17】

姜花常一大片长在阴湿的沟渠或步道旁。

花酷似停栖在绿叶上的白蝴蝶，所以又名"蝴蝶姜"。

8月自然课堂

大帛斑蝶

大帛斑蝶的体形硕大，飞行缓慢，经常平展翅膀盘旋遨游在花丛间，加上不太容易受到惊扰，所以很容易被人徒手捉取，也因此常被叫作"大笨蝶"。

　　夏天来到垦丁一游，很容易看到大帛斑蝶，数量极多，是恒春半岛重要的夏日自然景观。大帛斑蝶的飞行方式看起来很像我们放的风筝，英文俗名"纸风筝"取得既贴切又容易记忆。即使走在大帛斑蝶身旁，它们还是一派悠闲，缓缓飞行，一点都不会受到人们的干扰，这样的特性让大帛斑蝶成为最适合入门者欣赏的蝴蝶。

　　大帛斑蝶幼虫的取食植物是夹竹桃科的爬森藤，其毒性会累积在幼虫体内，对幼虫形成天然的保护作用，一般喜爱捕食蝴蝶幼虫的天敌，都会对大帛斑蝶的幼虫敬而远之。大帛斑蝶的成蝶体内也一样含有毒性，因此少有天敌捕食，这应该也是大帛斑蝶可以有恃无恐缓慢飞行的重要原因吧。

大帛斑蝶是非常容易亲近的赏蝶入门蝶种。

体形硕大的大帛斑蝶，英文俗名"纸风筝"。

大帛斑蝶飞行缓慢，经常缓慢盘旋遨游在花丛间。

171

Lesson
67
100 Lessons of
Urban Nature

8月自然课堂
人面蜘蛛

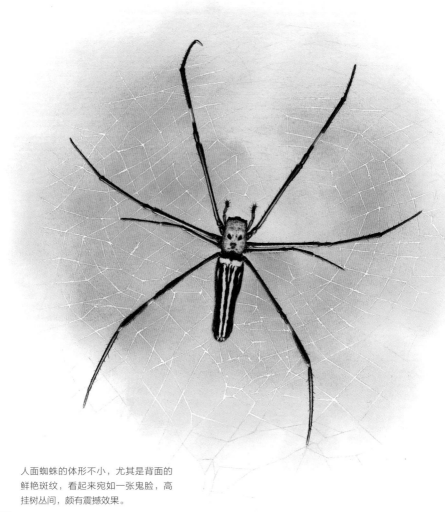

人面蜘蛛的体形不小，尤其是背面的
鲜艳斑纹，看起来宛如一张鬼脸，高
挂树丛间，颇有震撼效果。

蜘蛛一直是引人遐思的神秘动物，一方面让人恐惧厌恶，另一方面对它们感到无比好奇。蜘蛛的生活形态多样，并不是每一种蜘蛛都结网，但无疑的是，结网性的蜘蛛反而是比较容易发现的种类，各式各样的蛛网堪称大自然的杰作。

最喜欢一大清早欣赏蜘蛛网，沾满露水的蜘蛛网宛如大自然的珠宝箱，一颗颗晶莹剔透的小露珠挂在蛛网上，看起来就像美艳绝伦的珍珠，比世上任何一条项链都美。有时公园的草地上也可看到帐篷似的蛛网，复杂的结构让人想一探究竟。

在山上小区的住家附近很容易找到人面蜘蛛（斑络新妇）的蛛网，像我的小花园里就固定住着几只人面蜘蛛，好像各有各的地盘，井水不犯河水，有的挂在樱花树间，有的则选择肖楠旁栖身，每回浇水时总要小心避开蛛网，免得它们珍贵的蛛丝黏在我身上，那可就暴殄天物了。

曾在小区道路旁的树丛间看到成排并列的人面蜘蛛，那种景象十分有趣。每一个蛛网都壁垒分明，与另一个蛛网隔着一棵树，一只只人面蜘蛛挂在正中央，耐心守候食物上门。大概是那路段"守网待虫"的成果丰硕，才会吸引这么多人面蜘蛛在此吐丝结网。

一般我们看到的人面蜘蛛都是雌蛛，它们会散发性激素以吸引雄蛛前来蛛网，这种高效率的寻偶方式往往同时吸引数只雄蛛。雄蛛要先展开决斗才能争取与雌蛛交尾的机会，通常体形大的雄蛛比较占优势。人面蜘蛛到了冬天就不见踪影，要到暖春三月天气回暖之后，才会重新看到它们高挂蛛网的酷模样。

【建议延伸阅读：《朱耀沂之蜘蛛博物学》】

人面蜘蛛挂在大网正中央，耐心守候食物上门。

人面蜘蛛有色彩鲜艳的身体背面。

8月自然课堂

夏日蝉鸣

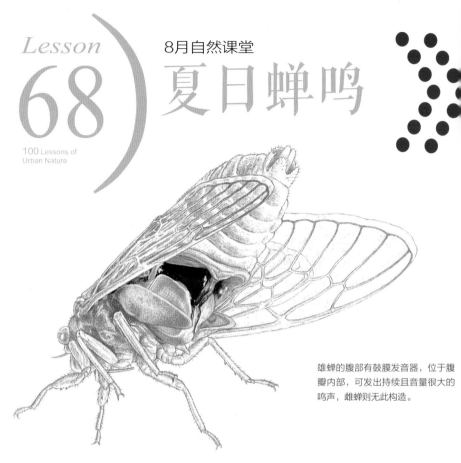

雄蝉的腹部有鼓膜发音器，位于腹瓣内部，可发出持续且音量很大的鸣声，雌蝉则无此构造。

　　台湾夏天的自然盛宴，以听觉而论，蝉鸣应是首屈一指的。从小听到大的蝉鸣，和炎热的气温、昏昏欲睡的午后一起构成了夏天的印象。这种烙印深植心中，每每在电影的场景中重新勾起回忆，这才恍然大悟，原来夏天印象中的背景声音蝉鸣早已成为许多人不可抹杀的乡愁。

　　十多年前搬到新店山上，童年的乡愁成了每年的声音飨宴，只要听到蝉鸣，就知道夏天到了。蝉的声音响亮，大概很少有人不知道这一类的昆虫，但它们大多藏身树林深处，很难亲眼目睹其庐山真面目，反而声音成为大家熟悉的媒介。

　　最爱在黄昏之前来到小区的山谷前，往下俯看满山满谷的低海拔森林，美得如梦似幻，再加上齐鸣的蝉声大合奏，在山谷间回荡不已，我仿佛是交响乐团的总指挥，与蝉一起演奏出最震撼人心的交响乐。太阳西沉后，声嘶力竭的蝉才逐渐歇息，将山林的舞台交给夜间的鸣虫。

　　雄蝉的鸣叫是为了寻觅伴侣，它们羽化之后的短暂生命只为了繁衍下一代，高歌之后不管有没有和雌蝉交尾，时候到了，生命也随之终结，但雄蝉的生命之歌永远在台湾的山林间回旋。

【建议延伸阅读：《台湾赏蝉图鉴》】

正在鸣叫的螗蝉。

只有做夜间观察，才有机会目睹蝉的羽化过程。

蚱蝉的蝉蜕。

这只蝉刚羽化就被掠食者啄咬，一点反抗能力也没有。

正在树上大唱情歌的蚱蝉。

拥有双鸣囊的沼蛙叫声响亮，犹如狗吠，常造成误会。

Lesson

69)

100 Lessons of
Urban Nature

8月自然课堂

沼蛙

沼蛙是夏天常见的蛙类，但它们生性害羞，多半只闻其声而难见其影。沼蛙的声音响亮，很像狗吠声，和其他蛙类的叫声截然不同，十分容易辨识。

沼蛙的体形很大，雌蛙可长达10厘米左右，雄蛙略小，它们多半在静水区域活动，如水沟、蓄水池或稻田等，夏天的夜里很容易听到它们低沉的"狗吠声"。沼蛙的食量惊人，对农人而言，是不可多得的害虫克星，但农药和化学药剂的施用对沼蛙伤害很大，现在只有在少药害的农田才看得到它们。

在我住的山上小区里，沼蛙的叫声是熟悉的夏夜之声，晚上散步时一定听得到，常和腹斑蛙的"给、给、给"鸣声以及白颔树蛙的敲竹竿声音一起大合唱，热闹好听极了。山上许多房子是度假用的，平常都没人，这些聪明的蛙儿就利用空屋花园里的池塘，赶紧完成终身大事。

【建议延伸阅读：《台湾赏蛙记》P110~111】

沼蛙生性机警，一感觉不对，马上躲入水中。

近似种弹琴蛙鼓膜四周无白边，背上具有背中线。

沼蛙是中型蛙，鼓膜四周的白色边框是它的辨识特征之一。

麻雀白色的脸颊上有清楚的黑斑，是平地最常见的鸟类，喜成群活动。

暗绿绣眼鸟白色的眼环是大家都知道的特征，体形娇小，成群呼啸而过，声势还是颇惊人的。

白头鹎的体形是都市三侠当中最大的，最明显的特征就是头上的白色斑块，远远就可清楚辨认。其鸣声婉转多变，还会模仿其他鸟类的叫声。

Lesson 70

100 Lessons of Urban Nature

8月自然课堂

都市三侠

　　白头鹎、暗绿绣眼鸟和麻雀号称鸟类中的"都市三侠"，从这个名称不难知道它们对都市环境适应良好，是非常容易看到的鸟类。

　　以我住的小区来说，是典型的低海拔人工环境，海拔约三四百米，完全看不到麻雀，但白头鹎和暗绿绣眼鸟一年四季都看得到。春季至夏季是白头鹎和暗绿绣眼鸟的繁殖季节，常常看到它们忙进忙出，不过两者的习性差别很大。白头鹎不会成群活动，多半在树木上层，繁殖期间公鸟的鸣声花样很多，不像平常的聒噪叫声，常让我误以为是别的山鸟，拿起望远镜才知道又被白头鹎骗了。暗绿绣眼鸟则

多半成群活动，清晨和黄昏是它们活动的高峰，成群呼啸而过，发出一致的口哨声，声势颇为惊人。花园里的山樱花不论是花蜜或果实都是它们的最爱，而且它们也喜欢在山樱花茂密的枝叶间筑巢。

　　至于麻雀，平地环境似乎才是它们的最爱。敦化南路的樟树安全岛上，到处都是麻雀，忙着在地上觅食，有时还看到它们在沙地上洗沙浴，在旁一起活动的多半是珠颈斑鸠或鸽子。

　　都市环境里看得到这些适应良好的鸟类，让冰冷的水泥丛林多了一些生命的温度，也像开了一扇自然的小窗，让都市人可以一窥大自然的美好生命。

平地环境是麻雀的最爱，是都市里最常见的鸟类。

麻雀亲鸟正在喂食已经离巢的幼鸟。

独行侠的白头鹎一般不会成群活动。

白头鹎常将巢筑在行道树上，很容易就能观察它们繁殖。

体形娇小、保护色极佳的暗绿绣眼鸟常躲在树丛中。

暗绿绣眼鸟常把小小的巢筑在花园里的树上。

白头鹎在摄影师位于台北市的四层公寓楼顶花园树上筑巢，这是个就近观察白头鹎繁殖与育雏的绝佳机会。

刺莓的花朵为典型的蔷薇科特征，白色花瓣5片，雄蕊多数。

8月自然课堂
诱人刺莓

刺莓的果实是典型的悬钩子果实，由许多小果组成的浆果，味道酸甜刺激，看起来有点像缩小的草莓。

看到刺莓的小白花就可以知道离结果时节不远。

悬钩子属的刺莓果实娇艳诱人，但别忘了植株上有刺。

刺莓是低海拔山区常见的灌木，全株长有倒钩刺，和娇柔的白花、红艳的果实完全不搭调。

想要采食酸甜刺激的刺莓果实，可要有点耐心，千万不要"吃快弄破碗"，刺莓的刺可是一点都轻视不得的。

刺莓为蔷薇科悬钩子属的植物，从花朵可以看到典型的蔷薇科特征，果实则是由多数小果组成的浆果，和许多悬钩子都非常类似。

刺莓的果实不仅人类爱吃，其实也是许多鸟类、昆虫或小动物的重要食物来源，找到它们的果实，浅尝即可，别忘了留给那些真正需要它们的动物。

【建议延伸阅读：《台湾野花365天》秋冬篇P178】

8月自然课堂
桑葚

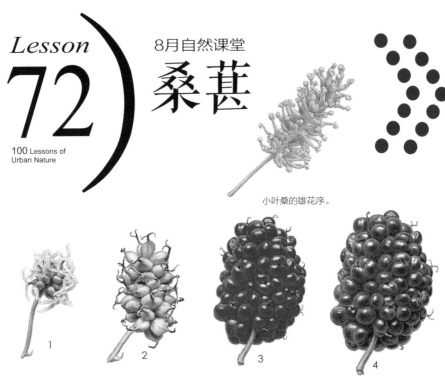

小叶桑的雄花序。

1.桑葚的雌花具有多数雌蕊（心皮），每一心皮均能发育为小果。
2.小果逐渐膨大中。
3.日渐饱满成熟的小果集合成我们熟悉的桑葚果实。
4.成熟的桑葚果实呈紫黑色，让人垂涎三尺。

夏天的桑葚盛宴，是人类味觉上的享受，也是视觉上的美好体验。

夏天的桑葚盛宴，是人类味觉上的享受，也是视觉上的美好体验，特别是结了满树果实，因成熟度不同所呈现的色差，反而成了色彩的盛宴，让人目不暇接。

记得以前小学时养蚕宝宝，桑叶一叶难求，还要跟贩卖蚕宝宝的小贩购买，蚕宝宝的食量又超大无比，没几天就吃完了，那一阵子省吃俭用都是为了买桑叶。

搬到山上后看到满山遍野的桑葚，又想起儿时买桑叶的事，那时真是典型的台北都市小孩，完全不知道桑叶就在身边。只是现在桑叶供应不再匮乏，我却已经没有养蚕宝宝的兴致了。桑葚生吃酸酸甜甜的，很多人喜欢将它做成桑葚果酱，可以保存很久，生产旺季时市场也有小贩卖桑葚果汁，味道也不错，只是不能久放。

虽然山上小叶桑结果丰盛，但我始终不曾动念采果，还是留给小鸟、昆虫或其他小动物吧，毕竟这场果实盛宴是为它们而生，人类的食物已经够多了，何必再与它们抢食？用眼睛欣赏桑葚果实的变化，应该会比吃下肚的短暂滋味更好吧。

桑葚因成熟度不同所呈现的色差，让人目不暇接。

紫黑色的成熟桑葚果实，让人食指大动，吃起来酸酸甜甜的，它还可以制成果酱。

8月自然课堂

居家附近
的蕨类

台湾优越的地理位置和多样的生态环境，让植物分布丰富而多变，其中蕨类就是十分具有代表性的植物之一，和昆虫里的蝴蝶一样，台湾也因为丰富多样的蕨类资源而赢得"蕨类王国"的称号。

其中低海拔山区虽然早经开发数百年，但蕨类依然兴盛，不论阴湿的地面或是附生的树干上，到处都是蕨的家园。蕨类的外形也各异其趣，难怪很早就被引进家里，成为备受欢迎的室内植物。

例如深受喜爱的铁线蕨，柔和的叶片和黑色的茎，放在室内有绝佳的布置效果，其实它们原生于阴湿的山壁，要湿度极高但通风良好的环境才能生长良好。

铁线蕨柔和的叶片搭上黑色的茎让它十分受欢迎。

要观察蕨类并不难，在路边的墙角缝隙就能找到。

假蹄盖蕨是街道、巷弄间常见的蕨类。

还有这几年成为野菜主流之一的山苏，学名为巢蕨，原是附生于树干上的蕨类，常与兰花一起栖身于树上，现在已成为普通的室内植物，而"山苏炒小鱼干"也早已正式列入餐馆的菜单。

我的花园除了几棵会开花的树木之外，地面上都是一些蕨类，包括肾蕨、凤尾蕨等，还有一株从妈妈家的树上移来的小山苏，种在地面上，十余年下来长成巨无霸。山上的气候原本就非常适合蕨类，于是我的花园就在完全的放任下，自成一个蕨类乐园，蕨类的生长优势赢过一般的单子叶或双子叶杂草，反而让我完全没有除草的烦恼。

肾蕨有匍匐茎，常成群生长。

黑冠鹎的适应力极强，一到繁殖季节，常可见到母鸟育雏的画面。

8月自然课堂
黑冠鹎

行踪一向隐秘的黑冠鸦（又名黑冠麻鹭），想要亲眼目睹是非常不容易的事，也难怪当时在台北植物园发现黑冠鸦，会成为轰动一时的赏鸟盛事。

黑冠鸦的身体色调多为褐色系，如果静止不动，在阴暗的林下有极佳的隐匿效果。它们的数量其实不少，只是常单独行动，加上又多半安静隐秘地在林下阴暗处觅食，也难怪很少人见过它们。

黑冠鸦的雄鸟外表不凡，黑色的头部有一明显羽冠，受到惊扰时才会将羽冠竖起。嘴基、眼先和眼环为淡蓝色，不过到了繁殖期就会转变成鲜艳的深蓝色，让黑冠鸦的脸部更突出。

夏天晚上牵狗散步，走到靠近原始树林的地带，常被一两声短促的"啊、啊"声吓一大跳，晚上听起来格外凄厉，后来才知道那原来就是黑冠鸦的叫声，看来山上的黑冠鸦还颇为普遍。

黑冠鸦的黑色头部向后延伸，有一明显羽冠，嘴基、眼先及眼环为鲜艳的蓝色。颈部粗短，身体多呈褐色，但有许多小小的白点和细纹。

黑冠鸦常躲藏在幽暗的林子中觅食，在国外被视为稀有鸟类，在我国台湾的许多都市公园都可以看到。

育雏中的黑冠鸦看见松鼠跳到巢前的树干上，立刻伸长脖子、竖起羽毛并张大嘴巴警戒。

9月 SEPTEMBER
自然课堂

100 Lessons of
Urban Nature

9月自然课堂

台湾栾树
的盛宴

雄花

雌花

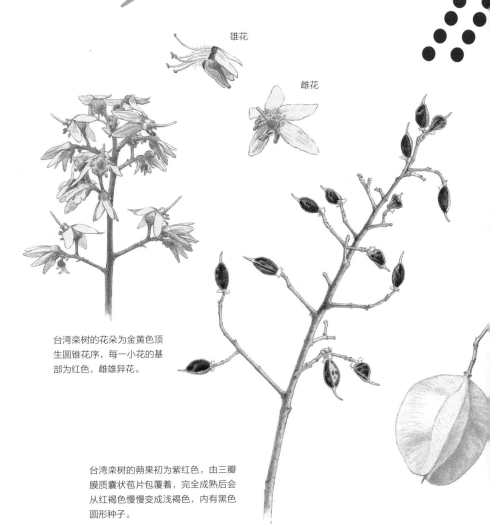

台湾栾树的花朵为金黄色顶
生圆锥花序，每一小花的基
部为红色，雌雄异花。

台湾栾树的蒴果初为紫红色，由三瓣
膜质囊状苞片包覆着，完全成熟后会
从红褐色慢慢变成浅褐色，内有黑色
圆形种子。

台湾栾树一年四季有不同的风情，是本土树种当中极富观赏性的种类，加上生性强健，又极耐污染，成为都市行道树的优良树种。台湾栾树最美的季节就在初秋时节，每年到了9月，树顶伸出一支支金黄色的花梗，阳光洒落时，那种金黄色系美得不像真的。此时最爱走在敦化南路的安全岛上，这片花海从信义路口一直延伸到基隆路口，成了台北最美丽的路段之一。

台湾栾树红褐色的果实，可别误认它是花喔。

不过台湾栾树的金黄花海稍纵即逝，短短的十来天光景，马上转变成红褐色的果实，许多人没看到金黄色的花朵，反而将果实误以为是花。不过果实待在树上的时间很长，可以好好欣赏。

台湾栾树的果实外面覆有嫩红的苞片，蒴果膨胀成气囊状，一大串高挂树梢，像极了树上的铃铛，当微风吹过树梢，会让人有种听到铃声的错觉。果实寿命极长，会延续整个冬天，直到冬天快结束时才变成干枯的褐色，然后纷纷掉落。

士林忠诚路的台湾栾树景观优美，当地过去几年还为此举办一年一度的栾树节，配合许多文艺活动，许多商家也推出相关促销活动，让9月的栾树节极富特色，成为台湾树木难能可贵的飨宴。

果实外面覆有嫩红的苞片，蒴果膨胀成气囊状。

台湾栾树最美的季节就在初秋，此时，树顶伸出一支支金黄色的花梗，将整条马路装点得光彩夺目。

Lesson
76
)

100 Lessons of
Urban Nature

9月自然课堂
黑卷尾
的天空

凶悍的黑卷尾连猛禽也不怕，在繁殖期间领域性很强，会攻击驱赶经过的老鹰，直到老鹰离开它的领域方才罢休。

黑卷尾长而深分叉的尾羽成了最重要的辨识特征。

仗着自身防卫力很强，黑卷尾把巢筑在马路正上方。

黑卷尾的体形比鸽子略小一些，但是它们的气势可不小，连猛禽也不敢轻视它们，常常敬而远之。

　　黑卷尾是平地空旷处的常见鸟类，特别喜爱有农田的环境。常常看到一只黑卷尾停栖在电线上，长而深分叉的尾羽成了最清楚的辨识特征。黑卷尾的飞行技术十分优异，是典型的肉食性鸟类，停栖在视线良好的制高点，一旦发现猎物的踪迹，立即展开让人叹为观止的空中猎杀绝技，很少有昆虫可以幸免于难。

　　每年的春夏季是黑卷尾的主要繁殖期，在这段时间内，黑卷尾的领域性极强，一旦有人、车、猛禽或其他鸟类进入其领域，黑卷尾一定马上正面迎敌，连凶猛的老鹰都不怕，在空中与之缠斗不休，最后老鹰也只能退避三舍，战斗方才画下休止符。这样的追逐画面在台湾农村是相当常见的，农民多半称黑卷尾为"乌鹙"（闽南语）。

春夏季是它的繁殖期，这段时间内，它的领域性极强。

准备离巢的雏鸟，由亲鸟守护着。

黑卷尾雏鸟目送亲鸟外出觅食。

Lesson

77

100 Lessons of
Urban Nature

9月自然课堂

天牛

天牛展翅飞行，可清楚看到比身体长好几倍的触角，以及藏在鞘翅下的翅膀。

1   2   3

1.有些种类的天牛直接将卵产于树木的裂缝中，有的则将产卵管伸入其他昆虫
  用过的小洞中产下卵粒。

2.天牛的幼虫在树干内部生活，以啃食木屑为食，还会将不要的碎屑推出洞外。

3.幼虫进入化蛹阶段，直到羽化为成虫才会在外现身。

天牛是甲虫家族的重要成员，其外形多变，但有一共同的特征是非常容易辨识的，即头部超长的触角，呈细长鞭状，通常比身体长出许多，甚至可达两三倍长，很像是戏曲里武官或将军头冠上的长翎，更显气宇非凡。

天牛是完全植食性的甲虫，想要找到它们，往花朵、树干等植物部位去找准没错。雌天牛在树干的裂缝或小洞中产卵后，幼虫会一直待在树干内，以啃食树木纤维为食，然后进入化蛹阶段，直到羽化为成虫之后才会钻出树干，吸食花蜜或啃食植物的茎干。

台湾松树的重要病虫害"松材线虫"，以松墨天牛为宿主，当松墨天牛在松树上觅食产卵，会让松树感染松材线虫而大量病死，现已成为台湾人造林的重大危害。只是追根究底其缘由，人类大面积栽培单一树种，让疾病很容易蔓延开来，若是天然的阔叶林，自然的防卫机制根本不致酿成不可收拾的后果。

【建议延伸阅读：《甲虫放大镜》及《台湾甲虫生态大图鉴》】

身体黑色带有白斑的星天牛，是都市最常见的一种。

天牛头部的长鞭状触角，很像戏曲里武官或将军头冠上的长翎，这是辨认它的最大特征。

Lesson

78)

100 Lessons of
Urban Nature

9月自然课堂

流浪狗
的岁月

被遗弃在路旁的小花狗，饿得直找人要东西吃。

很多被遗弃的流浪狗身上都有皮肤病及其他并发症。

只要有爱心，流浪狗也可以成为忠心的宠物伴侣。

台湾的流浪狗一直是严重的问题，但始终未能有较好的解决方案，虽然许多人或团体都投入拯救流浪狗的义举，但只是杯水车薪，很难有全面性的改善效果。

以我住的小区而言，虽然位于新店山区，一样有流浪狗的问题，住户也常为了狗的问题而争吵不休，俨然分成爱狗与不爱狗两大派。家里养狗的人多半对流浪狗抱着宽容的心态，反正山上活动空间很大，让它们在这里生存也无妨。但有的住户非常厌恶狗，想要除之而后快，甚至还在自家的庭院里摆放捕兽夹，导致许多流浪猫狗受害。

其实流浪狗的问题大多是人们自己造成的恶果，弃养、未结扎、大量繁殖等无一不是人类的自私所为，但后果却要一无所知的狗狗来承受。每每看到流浪狗害怕人类的眼神，总觉得痛心疾首，原是人类最好的朋友，却落得如此不堪的下场。

现在我养的四只狗中，其中比格犬和哈士奇犬都是被弃于山上，后来才收养成为家里的一员，另一只米克斯犬则是在流浪狗之家收养的。以台湾的现状而言，实在没必要再炒作繁殖名犬，反而应该建立良好的收养渠道，多鼓励大家以收养代替购买。

还在花钱买狗吗？以收养代替购买吧。

Lesson 79)

9月自然课堂
弹琴蛙

100 Lessons of
Urban Nature

弹琴蛙拥有双鸣囊，因此叫声响亮。

弹琴蛙是蛙类中的大嗓门，鸣声嘹亮，是夏夜里的主角之一。弹琴蛙的体形中等，有一条明显的背中线，腹部圆滚滚的，身体两侧有淡黑色斑点。

弹琴蛙算是台湾十分常见的蛙类，分布广泛，不论是山区或平地沼泽区，都可以听到弹琴蛙"给、给、给"的洪亮叫声，特别是在弹琴蛙的春夏繁殖旺季，热闹的鸣声似乎整晚都不停歇。雄蛙顺利找到雌蛙交配之后，雌蛙就产卵于水中，一次有数百颗之多，常常一大片漂浮在水面。

在我住的小区里，弹琴蛙的数量算是数一数二的，晚上散步时，不论是花园里的水池、步道旁的沟渠或是小溪流，总听得到弹琴蛙的声音，它们的声音是我少数分辨得出来的蛙声之一，所以对弹琴蛙觉得特别亲近。夏天的夜里，蛙类大合唱是不可少的天籁，同时蛙类也是生态环境的重要指标之一，少了它们往往意味着环境出了大问题，也因此每每听到热闹的蛙鸣，心里充满了感激，因为这代表着我们的生活环境还算理想。

【建议延伸阅读：《台湾赏蛙记》P90～91】

左为沼蛙，右为弹琴蛙，常混栖一起鸣叫。

左为阔褶水蛙，右为弹琴蛙，体形大小差异颇大。

叫声响亮的弹琴蛙，却十分害羞警觉，一靠近它马上躲到水面下。

9月自然课堂

窑烤地瓜

地瓜是台湾的平民食物，我
们食用的部位是地瓜膨大的
地下块根，由图中可清楚看
到地瓜的特征。

地瓜一直是中国台湾的代表性农作物之一，早年贫穷的年代，地瓜干加入少许白米是父母亲童年时代的主食。如今物换星移，台湾早已脱离匮乏的年代，地瓜也摇身一变成为现代人的健康食品。

从小地瓜一直是家里餐桌上不可少的食物，妈妈似乎也对地瓜情有独钟，地瓜稀饭是家里常备的早餐，配上酱瓜、菜脯蛋，让我们全家吃得既饱足又满意。不过最爱的还是烤地瓜，特别是寒冷的冬夜，手捧着一块热乎乎的烤地瓜，真觉得天下美味也不过如此。

台湾新北的金山地区一直是北部盛产地瓜的农业区，近年来为了促销当地的名产，会在9月至10月间推出"地瓜节"的盛会，让都市人可以亲自在田里挖地瓜，然后就在主办单位做的简易窑中将地瓜烤熟。窑烤地瓜原本是每个孩子都曾体验过的童年回忆，如今却要特别举办，看来我们的生活方式确实有了很大的改变。

【建议延伸阅读：《台湾好蔬菜》及《台湾蔬果生活历》】

步骤1：选择可以堆叠的土块堆成一圈围住地瓜。

步骤2：在土窑中放入大量稻草，并点燃。

步骤3：等土窑外的土块被烧红，就可用脚把土窑推平，利用余温将地瓜焖熟。

台湾自行培育的"台农五十七号"地瓜是最香甜可口的一个品种，很适合做成烤地瓜。

10月 OCTOMBER

自然课堂

100 Lessons of
Urban Nature

10月自然课堂

秋夜的鸣虫

铃虫（日本钟蟋）正在振翅高歌，前翅竖起，和身体几乎呈90度，发出悦耳的"铃、铃"声。

时间进入9月，白天的温度虽高，但太阳一下山，气温马上下降，加上徐徐凉风，开始有点秋意的感觉。晚上的声音除了喧闹的蛙鸣之外，又多了一些鸣虫的声音，不过此时登场的鸣虫和气温高的夏季是不同的，好像为了迎合季节的转换，鸣虫的声音也变得清凉有秋意。

"秋意凄凄虽可厌，铃虫（日本钟蟋）音声却难弃"，以往还未接触铃虫之前，对于许多作品描绘的秋夜声音并没有太深的体会，但2004年出版《鸣虫音乐国》之后，作者许育衔送给我一瓶饲养的铃虫，将它摆在床头，每天夜里铃虫悠悠鸣唱，"铃、铃"的优雅鸣声带给我一整季的快乐，就连猫咪莎莎也迷上铃虫的声音，半夜醒来常看到她坐在瓶子旁，侧耳倾听，专注的模样让人难忘。

熟悉了铃虫的声音，走到户外才发现它们是秋夜鸣虫的主角，草丛或矮树丛里不时传来"铃、铃"的鸣声，在安静的夜里格外好听。日本人对铃虫特别偏爱，甚至认为每年秋天如果没有到户外聆听铃虫的声音，就代表着"虚度一年"。想要把握短暂的美好时光，别忘了好好欣赏秋夜的鸣虫小夜曲。

【建议延伸阅读：《鸣虫音乐国》P62~63 及《瓶罐蟋蟀》】

10月自然课堂

黑短
脚鹎

黑短脚鹎的嘴部为鲜红色，搭配蓬松的头顶羽毛，远远地就能辨识。

黑短脚鹎有时会发出像猫咪的"喵、喵"声。

黑短脚鹎是我最早认识的鸟类之一，因为它们的特征明确到只要看过一次，大概就很难认错了。鲜红色的嘴部及脚，搭配上全身漆黑的羽毛，还有头顶蓬松上竖的羽毛，好像鸟类当中的朋克头，即使没有望远镜也能清楚辨认。

黑短脚鹎是十分常见的鸟类，又喜欢待在枝叶稀疏的裸露树顶，要看到它们一点都不难。停栖树上常会发出类似"小气鬼、小气鬼"的声音，有时还会发出像猫咪的"喵、喵"声，让人误以为有猫咪跑到树上了。

黑短脚鹎喜欢采食野果、叶芽、花苞或捕食昆虫。

黑短脚鹎多半待在树上，几乎不会到地面活动，喜欢采食野果、叶芽、花苞或捕食昆虫，秋冬季节不会待在平地，多半往低海拔或中海拔山区迁徙，这应该与其食物来源有关。

曾在小区步道旁的树上发现黑短脚鹎的巢，但这显然是新手亲鸟所为，筑巢于人来人往的步道上方，对于育雏并不是件好事，又容易被人发现，果然没多久就弃巢了，看来要顺利繁衍下一代也要付出昂贵的学费。

【建议延伸阅读：《野鸟放大镜》食衣篇和住行篇】

Lesson

83)

100 Lessons of
Urban Nature

10月自然课堂

赏鹰季

每年9月底到10月上旬是垦丁一年一度的赏鹰盛会，观鸟者无不摩拳擦掌，希望自己的运气很好，可以遇上灰脸鵟鹰的迁徙高峰，一睹这堪称世界级的自然景观。

灰脸鵟鹰在秋季由北方南下，经过台湾稍做歇息，再由垦丁南端出海而去。来年春天北返，每年3月下旬在彰化八卦山过境，成为著名的"鹰扬八卦"自然景观。

由于灰脸鵟鹰年复一年的迁徙路径十分稳定，加上体形又大，因此成为赏鹰季的第一主角。想要参与赏鹰的年度盛会，最好在下午2、3点抵达垦丁，稍做休息后就可驱车前往满州乡，下午4点到6点是欣赏落鹰的最佳时段，天色开始变暗的黄昏，一只灰脸鵟鹰盘旋低飞，随即停栖于过夜的树上，它们夜宿的地点相当集中，成为满州乡每年不可多得的盛事。

想要欣赏灰脸鵟鹰出海的盛况，务必早些，最好在天色微亮的清晨5点多抵达社顶公园的凌霄亭，这里居高临下，又可清楚看到恒春半岛的最南端。早晨6点到8点是赏鹰的最佳时段，一拨拨灰脸鵟鹰御风而行，旋即由南端出海。运气好的话，遇到灰脸鵟鹰的高峰期，就有机会看到难得一见的"鹰河"、"鹰柱"等壮观景致，只不过这是可遇不可求的事，有许多热爱赏鹰的人几乎年年报到，因为永远无法预知今年可以看到什么，反而让人乐此不疲。

灰脸鵟鹰在秋季由北方南下，经过台湾稍做歇息。

另一个主角赤腹鹰过境数量不比灰脸鵟鹰少。

灰脸鵟鹰在满州乡附近过夜歇息，准备第二天南迁。

天色微亮时抵达社顶公园的凌霄亭可以观看鹰群起飞。

每年的10月赏鹰成了满州乡一年一度的盛事。

10月自然课堂
蓑蛾

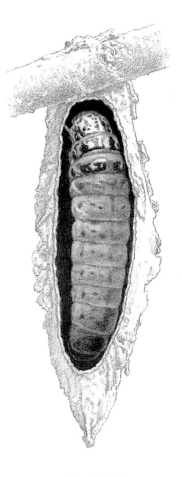

悬挂在寄主植物枝条上的蓑蛾，幼虫会吐丝
做成一个小虫袋，外表粘贴许多植物材料加
以伪装，移动或进食时才会探出头来，但一
有风吹草动，马上缩回袋内。

蓑蛾虫袋的内部剖面。

蓑蛾的名字和外表都非常有趣，大概看过一次就不会忘了。只是想要一睹蓑蛾的庐山真面目，真的一点都不容易，它们多半稳当地躲在悉心营造的虫袋里，绝不以真面目示人。

蓑蛾相当常见，每一种树木都可以找找看，不难发现悬挂在枝条上的蓑蛾虫袋。有时在阳台的盆栽植物上也会看到蓑蛾，或许是为了进食，有植物的地方就有机会看到它们。

蓑蛾的虫袋外表大异其趣，视幼虫找到的植物素材而定。蓑蛾幼虫吐丝结成虫袋，在虫袋的外表细心粘贴叶片、干燥的树皮或细小的枝条，将自己伪装成植物的一部分。幼虫只有在进食或移动时，才会探出头来，但又机警万分，一有风吹草动，马上缩回虫袋里。

幼虫成熟后会将袋口上端封住，直接在袋内化蛹。雄虫羽化后会从下方飞出，寻找雌蓑蛾的虫袋。雌虫无翅，羽化之后还是住在袋里，直到雄虫飞来与之交尾后，就在袋内产卵。卵孵化之后，幼虫会离开虫袋，自行吐丝结袋，展开新生活。

蓑蛾的虫袋外表大不同，视幼虫找到的素材而定。

蓑蛾幼虫在虫袋外将自己加工伪装成植物的一部分。

蓑蛾是值得细心观察的有趣昆虫。

蓑蛾幼虫即将离开虫袋，展开新生活。

10月自然课堂

巨无霸牛蛙

牛蛙的食量惊人，凡是体形比它小的动物，它都有
办法吞食。这种可怕的大胃王一旦逃逸到野外，对
原生蛙类的杀伤力可想而知。

来自美洲大陆的牛蛙，体形壮硕，最大可长到20厘米长，和台湾原生的蛙类比起来，真是大巫见小巫。最可怕的是，牛蛙属于杂食性，什么都吃，只要是体形比它小的动物，都会变成牛蛙的餐点，因此部分遭到牛蛙侵入的湿地或水池，当地的蛙类往往被它们一扫而光，造成很大的危害。

牛蛙引进台湾原是为了食用价值，因其体形巨大，容易饲养，成为菜市场常见的肉类之一。但其繁殖力惊人，在台湾又完全没有天敌的威胁，一旦逃逸到野外，就和福寿螺一样，成为难解的生态难题。

外来生物的问题在目前全球贸易往来密切的时代，在世界各地屡见不鲜，也对许多生态环境造成严重的冲击。人类一向自诩为"万物之灵"，只是每次造成问题之后，往往也是束手无策，承担后果的却是整个生态环境。

【建议延伸阅读：《台湾赏蛙记》P118~119】

引进牛蛙是为了食用价值，是菜市场常见的肉类之一。

牛蛙幼体体形硕大，一旦逃逸到野外，后果不堪设想。

遭到牛蛙侵入的野外湿地或水池，当地的蛙类往往被它们一扫而光，造成很大的危害。

10月自然课堂

五节芒

秋天是赏芒的季节，原本刚硬锐利的五节芒，抽出一根根花梗之后，满山遍野白茫茫的芒花，让它们的容貌柔化了，跟盛夏时惹人生厌的"菅芒"（闽南语）好像是截然不同的植物。

五节芒是台湾最常见的草本植物，几乎走到哪里都可以看到它们，尤其五节芒的种子数量之多与发芽率之高，让它们随时都可落地生根。树林被清除之后，裸露的土地很快就会被五节芒占据，五节芒属于阳性先驱植物，一旦它们先落脚，其他植物很难越雷池一步。

五节芒的叶片边缘带有硅质，很容易割伤皮肤，最好少碰为妙。每年从9月、10月开始，五节芒的花穗展现魅力，起初呈紫红色，成熟后便转变成黄褐色或灰白色，是台湾秋季野外的重头戏之一。

芒花看起来有股萧瑟的美感，很多人认为它们是绝佳的干燥花材，插一瓶芒花可以装点家里的气氛，事实上五节芒的花穗结果之后就开始飘落颖果，其数量之多让人永远清理不完。如果摆放的位置不必担心清理问题，自然另当别论了。

【建议延伸阅读：《台湾野花365天》秋冬篇P113】

五节芒是台湾最常见的草本植物。

芒花在夕阳下看起来有股萧瑟的美感。

五节芒的色彩和形态都各有一些差异。

五节芒生长能力强，山边海边都有它的踪迹。

林下冒出的长裙竹荪，外形奇特，有点像穿着长裙的小精灵，却有一股腐尸的恶臭，颇煞风景。顶上黑色的子层托，覆满黏液状的孢子，其恶臭就是为了吸引昆虫前来，以帮助孢子的传播。其实我们最爱食用的食材"竹笙"（竹荪）就是这一类的菇类，只是其子层托很早就去除，所以不致有恶臭产生。

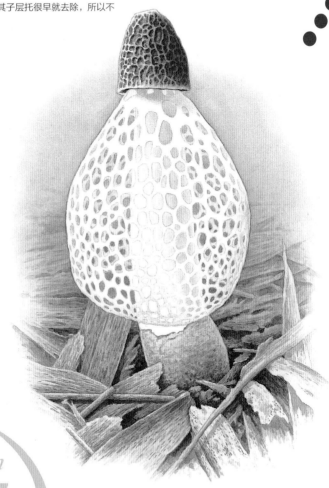

Lesson

87

100 Lessons of
Urban Nature

10月自然课堂

可食用的菇类

人类对于菇类似乎情有独钟，不同的饮食文化都有其特殊的爱好，也发展出许多历史悠久的食菇文化。像是法国人对松露的着迷，欧洲人对牛肝菌、羊肚菌的热爱，日本人更把松茸视为秋季美食之王。

我们对于菇类的热爱自然也是不遑多让，举凡香菇、木耳、竹荪、草菇、双孢蘑菇、金针菇等，只要到超市的菇类陈列架看一下，就可以知道我们吃的菇类真是多得惊人。只不过现在菇类的生产已采用先进的农业技术，在无菌的环境内大量生产干净卫生的食用菇。

不过许多菇类还是无法人工生产，特别是与树木共生的野菇，有些生存奥妙至今不详，例如日本人研究松茸不下数十年，却始终无法人工栽培，松茸和活松树以及其生长的环境，还有许多难解之谜。

在野外看到神似食用菇的菇类会有种特别的亲切感，例如在阴湿腐朽的树干上常看到许多小小的木耳，还有公园草地上在雨后也常冒出一朵朵大大的蘑菇。不过野菇的辨识不易，千万不要随便采食，以免发生中毒的憾事。

色彩鲜艳的蕈类，和长裙竹荪是同一种类。

黄裙竹荪，有点像穿着黄裙子的女孩。

草菇也是常常拿来做菜的食材。

我们常食用的木耳生长在阴湿腐朽的树干上。

10月自然课堂

落叶树
的观察

鸡爪槭的红叶。鸡爪槭多半生长在低中海拔山区，随着气温的下降，叶色变得更加红艳，是观赏性极高的红叶树种。

枫香的红叶。长在平地的枫香，秋季落叶前多半只是焦黄，很少变得通红，像中高海拔的台湾南投的奥万大山区，枫香的叶片往往可以彻底变红或变黄，形成吸引人的秋季景观。

榄仁的红叶。生长在平地的榄仁树，一到秋天，树叶也纷纷转红，由于每一片叶子都很大，落叶的景观也相当特殊。据说榄仁的落叶有治病的作用，许多人趋之若鹜，只要叶子一落地，马上就被捡走，因此想要看到榄仁的落叶还不太容易。

随着日照的缩短和气温的下降，许多树木也开始发生重大的变化，准备迎接寒冬的到来。此时正是欣赏落叶树木的最佳季节，色彩缤纷的树叶将秋天装点得丰富极了，一点都不输给春天的美景。

对人类而言，秋天的落叶是视觉的飨宴，但对树木而言却是不得不这样的生存策略。冬天的低温会让树木的根部作用变弱，而寒冷干燥的风又会让叶片的蒸腾作用变强，因此以无叶的方式度过寒冬算是树木节能的具体实例。

一树火红的槭树，是秋日的景致。

落叶之前树木会有许多生理变化，包括回收叶片的养分，不浪费任何有用的物质，以及产生离层来阻断叶片的水分及养分供给。原本鲜绿色的叶片在一连串的变化下，叶绿素崩解了，取而代之的是黄色系的胡萝卜素、叶黄素，以及红色系的花青素。于是，叶片生命的结束以最美丽的色彩画上句号，也年复一年让我们得以享有最璀璨的秋景。

枫香到了秋天，叶子会从嫩绿色转为耀眼的金黄。

落了一地的彩色落叶，让秋日的郊野山林热闹了起来。

秋天的榄仁树像一个七彩的调色盘。

10月自然课堂

巢蕨

巢蕨是蕨类植物当中成功转型为室内观赏植物的最佳案例，加上近年来又成为很受欢迎的野菜，名气之大几乎无人不知。其实它们原生于台湾的阔叶林内，许多大树的树干上着生一圈长长的叶片，看起来很像绿色的鸟巢，也像树上开花，植物学上的正式名称因此而得。

野外的巢蕨多半长在高大的树上，就生态上而言，着生于高耸的树冠层，生存本领是不可少的，从外观就可以观察到它们的高超策略。巢蕨的叶片丛生，叶表光滑具蜡质，叶片生长层层叠叠，排列成一圈，并交织成多层次且密不透风的鸟巢状构造。鸟巢结构有助于收集并储存来自上方的雨水、落叶、有机质及其他矿物质等，让巢蕨生活于高处也不虞匮乏，同时还能供给其他植物的生长所需，如书带蕨或兰花等，都常与它共生一处。

身边的常见植物很多都来自森林，不妨看看其生长原貌，也许能有另一层深刻的体会。毕竟巢蕨的嫩芽不只是满足我们的口腹之欲而已，它们的生长和外形都是有其生态意义的。

野外的巢蕨多半长在高大的树上。

巢蕨叶背的孢子十分明显。

巢蕨的鸟巢结构有助于收集并储存来自上方的养分。

10月自然课堂

赤腹松鼠

赤腹松鼠有筑巢的习性，通常选择高大的树木或竹子上层，离地约10到20米高的枝干分岔处，用树枝筑成椭圆形的巢，内部衬以柔软的芒花或树皮等。赤腹松鼠会回巢休息，不过同一只松鼠往往不止一个巢。

赤腹松鼠是都市里最常见到的松鼠，对人工开发的环境适应力颇强，不论是校园、公园绿地或安全岛上的树林里，都看得到它们的踪影。

赤腹松鼠对自己的生活领域内有哪一棵树在什么时候有嫩芽或果实，都知之甚详，它们便依照时节在不同的树上觅食。赤腹松鼠喜欢在树上奔走，也会倒挂在树干上，攀爬的技巧显然一流，其实这是因为它们有长长的趾爪可以牢牢攀附，几乎不可能滑落。

赤腹松鼠的"木头人"行为最为搞笑，每当它们察觉异样，会先竖立前身朝有异样的方向凝视，然后全身静止不动，尾部蓬松翘起。若发现不对，它们会引颈向前，拍打尾部，或将尾巴高翘于背部，十足警戒的模样。整个过程跟我们玩木头人游戏十分雷同，让人觉得特别有趣。

小区的树林里也少不了赤腹松鼠，常碰到它们在树木间穿梭嬉戏。有一次听到树林传来一声声嘶哑的狗吠声，正在狐疑哪一只狗跑到林子里，就看到高踞树上的赤腹松鼠，原来那是它们的警戒声。以前从来没听过赤腹松鼠的声音，一直以为它们是不会叫的，原来赤腹松鼠也有不同的声音，代表着联络或警告等信息。只是平心而论，它们的声音实在不太好听，有点像咳痰却咳不出来的喉音，在野外听起来特别奇怪。

【建议延伸阅读：《台湾哺乳动物》P176~181】

毛茸茸的大尾巴是它的平衡杆，让它可以安稳爬树。

赤腹松鼠对环境的适应力颇强，也不太害怕人类，校园、公园绿地或安全岛上的树林里，都看得到它的踪影。

11月 NOVEMBER
自然课堂

100 Lessons of
Urban Nature

11月自然课堂

捡松果

松树为了保护裸露的种子煞费苦心，木质化的球果果鳞将种子覆盖得严实紧密。

等到种子成熟时，球果的果鳞才会一一打开，让里面有翅的种子随风飘散。

松树的果实外观和一般树木的果实差距很大，其实这正是裸子植物与被子植物的区别。松树为了保护种子煞费苦心，木质化的球果果鳞将种子覆盖得严实紧密，等到种子成熟时，球果的果鳞才会一一打开，让里面有翅的种子随风飘散。

松果的种子散尽之后，老熟的球果也会一一脱落，秋冬季到山区走一遭，留心松树底下，总可以满载而归。松果的外形讨喜，天生就是干燥素材，也不需要特别处理，找个漂亮的容器装载起来，很有冬天丰收的美感。

家里有好几篮不同的松果，有的是朋友送的，有的是自己捡的，不管摆放在哪一个角落，都有自然的美感。松果放置多年常沾满灰尘，清洗时直接放在水龙头下冲水，没多久可以看到松果发生了变化。原

来展开的果鳞有了水分之后，竟又再度闭合起来，仿佛回到旧时的记忆，即使它们早已脱离母树，却依然忠实执行自己的任务。直到球果完全干燥之后，它们又会恢复原有的展开模样。

Lesson
92

100 Lessons of
Urban Nature

11月自然课堂

红尾伯劳
与棕背伯劳

红尾伯劳是冬候鸟。

棕背伯劳是留鸟，喜欢出现在平地农耕地或山坡开垦区。

红尾伯劳个头不大，却是鸟类世界里的小杀手。它们捕捉到蜥蜴或青蛙后，会先插在尖锐的树枝或铁丝网上，然后慢慢享用。

第一次认识红尾伯劳是看到报纸登的照片，每年9月之后红尾伯劳大量从恒春半岛路过，二十多年前台湾鸟类的保护观念才刚起步，当时认为捕杀野鸟没什么大不了。红尾伯劳喜欢站在独立枝条的习性，让恒春半岛到处布满捕鸟器，猎捕到的红尾伯劳最后沦为夜市里的烤小鸟。当时报纸登的斗大照片便是红尾伯劳误中捕鸟器陷阱，幸而后来公共机构介入保护，再也不会有此类悲剧发生。

红尾伯劳个头不大，却是鸟类世界里的小杀手，通常以昆虫、老鼠、蜥蜴、蛙类或其他小鸟为食。看看它们的鸟喙就不难看出肉食的本性，嘴尖向下勾，一脸犀利的模样，还有锐利的脚爪。以前的生物教科书会以伯劳鸟的储食习性作为范例，它们捕捉到蜥蜴或青蛙后，会先插在尖锐的树枝或铁丝网上，然后慢慢享用。以前认为这是红尾伯劳储藏食物的习惯，但最近的研究发现这种行为只是方便它们撕开食物，它们通常只取用部分肌肉和内脏，其他剩余部分多半弃之不顾，并不会再回过头来食用。

棕背伯劳习性与红尾伯劳相去不远，但它们是台湾的留鸟，喜欢开阔的平原或农耕地区，领域性强，会驱逐闯入的鸟类。

棕背伯劳的领域性极强，常在树丛里驱赶入侵者。

棕背伯劳会站在制高点巡视四周的动静。

红尾伯劳会飞扑到地面捕食猎物。

遭伯劳鸟利嘴啄食，却来不及叼走的攀木蜥蜴。

Lesson
93)
100 Lessons of
Urban Nature

11月自然课堂

泽蛙

泽蛙的闽南语俗名为"田蛤仔"，由此可知泽蛙在台湾的普遍性，只要是田里鸣叫的青蛙，多半就是泽蛙。泽蛙的外表特征不易清楚描述，尤其体色的变化极大，从褐色、灰褐色到绿色的个体都有，不过眼睛后方的鼓膜非常明显，常带有深红色或橘色。

泽蛙的分布广泛，台湾各处的稻田、水沟或沼泽都可以看到它们，对环境的适应力极强。泽蛙白天多半躲在洞穴里，晚上才会出现，喜欢浅水的泥沼环境，活动时常浸泡在水里。

蛙类一直被生态学家视为水域环境的指示生物之一，主要是两栖类的皮肤与环境污染有一定的关联性，有的蛙类对污染的敏感度高，只有在干净的水域才看得到。泽蛙算是对污染容忍度相当高的蛙类，一旦连泽蛙都不见踪影时，往往意味着这个水域环境出了大问题。

【建议延伸阅读：《台湾赏蛙记》P86~87】

不是所有泽蛙都有金色背中线，图为褐色型泽蛙。

绿色型泽蛙，身上的短棒突起也是辨识它的特征。

金色的背中线是泽蛙的特征之一，背中线主要是让蛙的身体借由线条做"体色分割"迷惑天敌。

11月自然课堂

台湾芙蓉

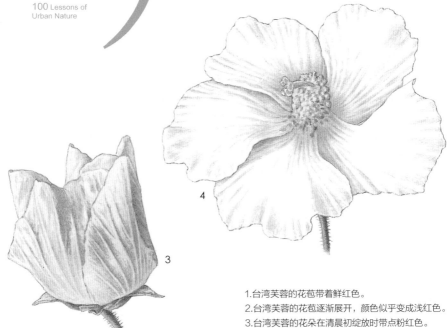

4

3

1.台湾芙蓉的花苞带着鲜红色。
2.台湾芙蓉的花苞逐渐展开，颜色似乎变成浅红色。
3.台湾芙蓉的花朵在清晨初绽放时带点粉红色。
4.台湾芙蓉的花朵盛放时为白色带点粉色系。

1

2

每年11月一到，长在山路旁的台湾芙蓉准时展开花颜，几乎年年如此，从不爽约，因此只要看到台湾芙蓉的花，就知道年底又快到了。

台湾芙蓉的花朵硕大，观赏价值一点都不输给园艺植物，最特别的是花色的变化，让人目不暇接。

台湾芙蓉的花只有一天的寿命，清晨时分初绽放，刚开始花色为白色或微带粉红色，随着时间的流转，花色逐渐加深，过了中午一直到傍晚凋零之前，花色会转变成紫红色或桃红色。这样的奇特习性让台湾芙蓉又被称为"千面美人"或"三变花"。

台湾芙蓉的花不仅好看，同时也是可口的野菜，清晨摘下的花朵沾点面糊，下锅油炸一下即成美味的天妇罗。台湾芙蓉的花蜜量应该不少，花朵里常可看到金龟子或其他昆虫在大快朵颐，有时连花瓣也被啃得支离破碎，或许台湾芙蓉真是美味吧，连小小的昆虫也知道。

【建议延伸阅读：《台湾野花365天》秋冬篇P118】

台湾芙蓉粉红色的花苞在清晨逐渐展开。

刚开花的台湾芙蓉花瓣上带点粉红色。

在中午时台湾芙蓉的花朵几乎是粉白色的。

在傍晚凋零前，透过阳光，可以看到台湾芙蓉的花瓣颜色已经转变成桃红色。

11月自然课堂

巴西龟与
黄缘闭壳龟

黄缘闭壳龟的眼睛后方有明显的黄色纵带，背甲为黑褐色，但边缘及中央棱脊为鲜黄色。

黄缘闭壳龟的腹板有横向韧带，可以使前后两半的腹甲向上与背甲闭合，所以又被称为闭壳龟。

巴西龟与黄缘闭壳龟（俗称食蛇龟）会在这里相提并论，并不是它们有什么生物上的关联性，纯粹只是因为这两种乌龟都是弃龟，在车水马龙的都市路旁被捡到，而后才在家里安身立命。

巴西龟是常见的宠物龟，很多小朋友都有饲养它们的经历。我家的巴西龟是在新生南路的水沟旁捡到的，当时刚好带着侄子看完电影《哥斯拉》，便将它取名为"哥斯拉"。一养就是十几年，体形也从刚开始的几百克重，到现在已是好几公斤重的大龟了。

巴西龟是杂食性的乌龟，有一阵子为了布置它住的饲养箱，特地种了许多耐阴湿的蕨类和地衣等植物，谁知没多久就被哥斯拉吃得干干净净。巴西龟其实不能随意放养，它们凶悍的天性对台湾水域环境会造成很大的危害，但这种弃养还是屡见不鲜，植物园的水池里很容易就可以发现巴西龟。

黄缘闭壳龟是台湾的原生龟类，并不常见，多半生活在林木底层或溪流旁，也是杂食性，昆虫、蚯蚓、鱼、蛙类或植物都吃，真不知这只黄缘闭壳龟为何会受伤流落在路旁，后来才被我的设计师朋友收养。

黄缘闭壳龟最特别的地方就在腹板，有一横向的韧带让腹甲可以分成前后两半，如果分别向上推，又可跟前后的背甲闭合，因此被称为"闭壳龟"。第一次看到黄缘闭壳龟的奇特构造，觉得好新奇，虽然它的名字有点恐怖，但性情却很温顺，一点都不像巴西龟，动不动就龇牙咧嘴。

巴西龟因为眼后的鲜红色斑纹，又被称为红耳龟。

被弃养的外来种巴西龟，已经成了环境的大问题。

黄缘闭壳龟是台湾本土龟类，生活在林木底层及溪流旁。

黄喉拟水龟是另一种本土龟类，主要栖息在水塘与湿地。

头部与四肢有黄绿色斑纹的花龟，是台湾本土的龟类，由于水族馆有繁殖贩卖，因此很多个体被弃养，在各公园水池中非常常见，常与巴西龟混栖。

11月自然课堂

冬天菜园里
的小菜蛾

蔬菜水果不仅人类爱吃，其实许多昆虫也爱吃，尤其菜园或果园的栽种面积都不小，对于昆虫而言，就像提供吃到饱的自助餐厅一样，怎么可能不趋之若鹜？

冬天是台湾栽种十字花科蔬菜的旺季，诸如芥菜、卷心菜、小白菜等，都长得又壮又甜。喜爱蔬菜的菜粉蝶和小菜蛾，赶紧把握良机，交尾后将一颗颗卵粒产在蔬菜的菜叶上，为孵化的宝宝找好全日无休的餐厅，好让它们快快长大。

小菜蛾的繁殖力惊人，也许是因为台湾的蔬菜生产一年四季都有，让小菜蛾宝宝不虞匮乏，它们一年之内甚至可以繁衍15代，真的十分可观。小菜蛾的幼虫外观和一般的绿色幼虫差不多，不过它们拥有独门的高空弹跳绝技，一旦遇到威胁，马上连滚带跳地吐丝弹跳，所以又被农民称为"吊丝虫"。

小菜蛾的幼虫十分常见，只要是种植卷心菜或小白菜的菜园里，都很容易找到它们。幼虫感到威胁时会马上连滚带跳地吐丝高空弹跳，所以又被称为"吊丝虫"。

12月 DECEMBER
自然课堂

100 Lessons of
Urban Nature

自然界里不仅鸟类会长途迁徙，少数几种昆虫也有此类现象，其中最著名的就是美洲的黑脉金斑蝶。数以亿计的黑脉金斑蝶，每年秋天从加拿大南飞至美国加州以及墨西哥过冬，到了春天再飞回北方。

这个惊人的四千公里蝴蝶大迁徙在经年累月的研究之下，已获得许多宝贵的生态资料，成为许多生物教科书上必提的范例。

蝴蝶看似弱不禁风，却一样能千里跋涉。我国台湾也有类似的蝴蝶迁徙奇景，虽然整体规模不像黑脉金斑蝶那么惊人，但也弥足珍贵，堪称世界级的生态奇观。台湾的异型紫斑蝶、黑紫斑蝶等种类，冬季时会从高海拔山区迁徙到南部温暖的低谷，数十万只紫斑蝶集中于溪谷过冬，形成了著名的"紫蝶幽谷"景观。

冬天台湾的紫蝶幽谷当中，以高雄的茂林乡最为著名，那里也已将赏蝶发展成当地重要的生态旅游，更因为当地居民的积极投入和保护，让茂林的紫蝶幽谷美景得以持续经营。

紫斑蝶在冬天里并不是一动也不动地冬眠，每天早晨太阳升起之后，紫斑蝶开始追逐阳光，展开无与伦比的光之舞，直到午后才陆续回到树上歇息。一只只停栖在树上的紫斑蝶就像挂满大树的蔓藤，十分壮观。

经过近十余年的研究，许多志愿者参与蝴蝶标记作业，目前已对紫斑蝶的迁徙路径和习性有了基本的了解，甚至连"公路管理处"都会配合紫斑蝶的迁移高峰而关闭部分公路，好让蝴蝶安全通过，不再惨死轮下，这是许多人努力之后的重大进展，也让台湾的自然保护更上一层楼。

紫斑蝶的交尾构造为色彩鲜艳的毛笔器，除了交尾之外，有些雄蝶被捕捉时，还会伸出毛笔器作为驱敌之用。（左为雄蝶，右为雌蝶）

每年冬天都有大批志愿者投入蝴蝶标记的调查工作。

搭在林道上的蚊帐是标记蝴蝶的基地。

到谷地越冬的斑蝶在清晨暖阳照射下，翩翩起舞。

12月自然课堂

阔褶水蛙

阔褶水蛙雌蛙，
体形比较肥大。

全年活跃的阔褶水蛙，对环境的适应力非常强，几乎只要有水的地方，就不难看到阔褶水蛙。它们全年都可繁殖，也难怪会成为野外最容易看到的蛙类之一。

阔褶水蛙为中型的蛙类，最容易辨别的身体特征是背部两侧明显突出的背侧褶，因此被称为"阔褶"。

它们的身体侧面分布着黑褐色斑纹，但体色多变，从浅褐、深褐到红褐色都有。眼睛后方有一大块深色的菱形斑，刚好覆盖在鼓膜上。

阔褶水蛙繁殖时，雄蛙会群聚一处，发出小小的求偶鸣声，由于竞争激烈，不免发生错抱的闹剧。雄蛙的前肢力气颇大，有时错把蟾蜍当雌蛙紧抱，那种热情的拥抱，就连蟾蜍也挣脱不了。

【建议延伸阅读：《台湾赏蛙记》P142~143】

阔褶水蛙的身体特征是背部两侧明显突出的背侧褶。

潜水能力很强的它，一遇到危险马上潜入水中躲藏。

阔褶水蛙有不明显的内鸣囊，叫声细小特殊。

阔褶水蛙被蜘蛛捕食。

赤胸鸫是冬天才看得到的娇客。

99

12月自然课堂

冬天的
鸫科鸟类

冬天是赏鸫科鸟类的好时机，许多鸫科鸟类均属于冬候鸟，只在这段时间来到台湾过冬，到了春天的3、4月又将北返。例如北红尾鸲、虎斑地鸫、赤胸鸫、白腹鸫等，都是冬天才看得到的娇客，可别错过了。

不过想要一睹它们的风采，是需要几分运气和几分观鸟功力的，这几种鸫科的鸟类大多不易观察，警觉性颇高，加上羽色斑驳，很容易躲藏在灌丛内而不被人察觉。不过当它们飞上光秃的落叶树上，掌握时机，还是可以好好欣赏。

台湾的留鸟中，也有一种十分常见的鸫科鸟类，相较之下，台湾紫啸鸫是非常容易观察的鸟类。台湾紫啸鸫的个子颇大，只比鸽子略小一点，全身覆盖着宝石蓝色羽毛，在阴暗处好像是黑鸟，但阳光下会展现惊人的金属光泽，非常美丽。

在阳光下才会看出台湾紫啸鸫一身金属质感的蓝色羽毛。

台湾紫啸鸫个性大胆，不怕人，用肉眼就可以看个够。即使低温的寒冬里，它们依然活蹦乱跳，一边飞还一边发出尖锐的哨声，深怕大家没看到它们。早年小区里完全看不到台湾紫啸鸫，最近这几年数量却有上升的趋势，我询问观鸟的好友为何会有这种现象，他推测可能是我们的小区环境日趋自然，可以提供足够的昆虫数量，才会让台湾紫啸鸫在此落户生根。看来台湾紫啸鸫带来的真是让人欣慰的好消息。

台湾紫啸鸫常常在森林底层搜寻小虫子吃。

白腹鸫是冬候鸟，会在冬季来台湾越冬。

台湾紫啸鸫筑在友人位于山区铁皮屋日光灯架上的巢。

12月自然课堂

枯叶蛱蝶
的伪装术

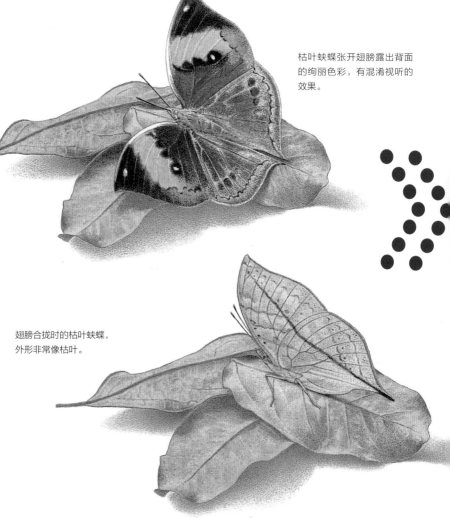

枯叶蛱蝶张开翅膀露出背面
的绚丽色彩，有混淆视听的
效果。

翅膀合拢时的枯叶蛱蝶，
外形非常像枯叶。

枯叶蛱蝶是中型的蛱蝶，多生活在低中海拔山区的森林里，成蝶不吸食花蜜，多以树液或腐烂的果实汁液为食。

冬天时枯叶蛱蝶以成蝶状态过冬，到了春天不难发现雌蝶穿梭林间产卵的景象，多半都会选择在爵床科马兰属的植物附近产卵。

枯叶蛱蝶最吸引人的地方自然是伪装的外表，酷似枯叶的外形，让它们成为解说自然界伪装现象的最佳范例。枯叶蛱蝶的翅膀上不光有枯叶的色调、形状和质感，就连虫蛀过的洞都有，真的是巧夺天工到难以想象的地步。

不过一旦枯叶蛱蝶飞行时，翅膀背面的金属光泽就露了馅儿，但飞行当中借由双翅的开合，其炫目的色调会有混淆视听的效果，让鸟类天敌难以招架。从枯叶蛱蝶的身上可以清楚看到自然的生存策略发展到极致的最佳实例。

枯叶蛱蝶翅膀的金属光泽，让人误以为是另一只蝴蝶。

枯叶蛱蝶抵抗不了腐烂水果的魅力，聚在一起吸食。

枯叶蛱蝶最吸引人的地方是伪装成落叶的外表，让见识过的人都会惊叹大自然的神奇。

图书在版编目(CIP)数据

自然老师没教的事:100堂都市自然课/张蕙芬著;
黄一峰,林松霖摄影、绘图.—北京:商务印书馆,2015
(2023.9重印)
(自然观察丛书)
ISBN 978-7-100-11404-2

Ⅰ.①自… Ⅱ.①张…②黄…③林… Ⅲ.①自然科
学—普及读物 Ⅳ.①N49

中国版本图书馆 CIP 数据核字(2015)第 146901 号

本书由台湾远见天下文化出版股份有限
公司授权出版,限在中国大陆地区发行。
本书由深圳市越众文化传播有限公司策划。

自然老师没教的事
100 堂都市自然课

张蕙芬 著

黄一峰 林松霖 摄影、绘图

商 务 印 书 馆 出版
(北京王府井大街 36 号 邮政编码 100710)
商 务 印 书 馆 发行
北京中科印刷有限公司印刷
ISBN 978-7-100-11404-2

2015 年 10 月第 1 版 开本 880×1230 1/32
2023 年 9 月北京第 7 次印刷 印张 7 ¾
定价:69.00 元